BEI GRIN MACHT SICH IHR
WISSEN BEZAHLT

- Wir veröffentlichen Ihre Hausarbeit,
  Bachelor- und Masterarbeit

- Ihr eigenes eBook und Buch -
  weltweit in allen wichtigen Shops

- Verdienen Sie an jedem Verkauf

Jetzt bei www.GRIN.com hochladen
und kostenlos publizieren

Bibliografische Information der Deutschen Nationalbibliothek:

Die Deutsche Bibliothek verzeichnet diese Publikation in der Deutschen National-
bibliografie; detaillierte bibliografische Daten sind im Internet über http://dnb.d-
nb.de/ abrufbar.

Impressum:

Copyright © 2018 GRIN Verlag
Druck und Bindung: Books on Demand GmbH, Norderstedt Germany
ISBN: 9783668469310

Dieses Buch bei GRIN:

https://www.grin.com/document/369946

Wolfgang Schlageter

Mathematik und Statistik für Ökonomen

Mathematik an der DHBW

GRIN Verlag

GRIN - Your knowledge has value

Der GRIN Verlag publiziert seit 1998 wissenschaftliche Arbeiten von Studenten, Hochschullehrern und anderen Akademikern als eBook und gedrucktes Buch. Die Verlagswebsite www.grin.com ist die ideale Plattform zur Veröffentlichung von Hausarbeiten, Abschlussarbeiten, wissenschaftlichen Aufsätzen, Dissertationen und Fachbüchern.

Besuchen Sie uns im Internet:

http://www.grin.com/

http://www.facebook.com/grincom

http://www.twitter.com/grin_com

Wolfgang Schlageter

MATHEMATIK UND STATISTIK

FÜR ÖKONOMEN

AN DER DHBW

Heilbronn 2018

Wolfgang Schlageter
Mathematik und Statistik
an der DHBW

Heilbronn 2018

Inhalt

Vorwort

Der vorliegenden Monographie liegen je zwei dreißigstündige Vorlesungen in Mathematik und Statistik an der Dualen Hochschule Baden-Württemberg zugrunde. Primäres Ziel war es hierbei, sowohl die allgemeine Bedeutung der Mathematik für die theoretischen Wissenschaften, als auch diejenige der Statistik für die empirischen Wissenschaften exemplarisch zu verdeutlichen.

Allerdings sind in der Ökonomie, im Gegensatz zu der Physik, die theoretischen mathematischen Erkenntnisse nicht direkt übertragbar auf die Realität. Während in der Physik die mathematische Theorie und die empirische Erfahrung praktisch kongruent sind, ist dies in der Ökonomie im Allgemeinen nicht der Fall. Oft wirken hier mathematische Modelle gekünstelt und haben mit der tatsächlichen Erfahrung wenig bis nichts gemein, was nicht selten zu einem Misstrauen gegenüber der Mathematik in der Ökonomie geführt hat.

Dennoch gilt auch für die Ökonomie, was Kant im Zusammenhang mit der Naturlehre sagt, dass nämlich hier „nur soviel eigentliche Wissenschaft angetroffen werden kann, als darin Mathematik anzutreffen ist" (Kant). Denn auch die Ökonomie basiert auf einer Theorie, will zu allgemeingültigen Aussagen kommen und kausale Zusammenhänge erfassen. Derartige logische Aussagen haben aber ihr Fundament in der Mathematik.

Speziell können wir viele Denkschemata, die wir bereits im Alltag unklar verwenden und die in der Wissenschaft einen präzisen Sinn erhalten, gerade in Mathematik prägnant und klar formulieren. So zum Beispiel den Zusammenhang von Sachverhalten durch die Funktion, das Schema der Proportionalität bei der Linearen Funktion, die Änderung durch den Differentialquotienten, um nur einige zu nennen. Des Weiteren sehen wir an einem Schaubild unmittelbar die relevanten Zusammenhänge. An diesem Leitfaden orientiert sich die vorliegende Abhandlung.

Wir haben gesehen, dass zwischen der theoretischen Erkenntnis und der praktischen Erfahrung eine nicht zu überwindende Kluft besteht. Wesentliche Aufgabe der Statistik ist es nun, diesen Hiatus in eine berechenbare Wahrscheinlichkeit zu transformieren. Erst dann dürfen wir berechtigt von einer empirischen Erfahrung reden.

Wegen der fundamentalen Bedeutung der Statistik ist es vom praktischen Interesse her durchaus gerechtfertigt, wenn die Prüfung an Hand normierter Tabellen schematisch erfolgt, wie übrigens auch in den Ingenieurwissenschaften oft nicht anderes vorgegangen wird. Für den Hochschulunterricht kann ein derartiges Vorgehen nach dem Prinzip eines Kochrezeptes jedoch nicht genügen.

Natürlich ist es weder im vorgegebenen Rahmen, noch im Sinne der allgemeinen Zielsetzung, sinnvoll, hier mit aller mathematischer Strenge vorzugehen. Demzufolge wurde hier versucht, ein Mittelweg zwischen formaler Exaktheit und anschaulicher Darstellung einzuschlagen, wobei trotz dieses Kompromisses der Student erkennen kann, wie hier der Weg zu der fundamentalen Normalverteilung führt. Dieselben Überlegungen waren im Übrigen auch analog für das Vorgehen in der Mathematik leitend.

Ich danke meinem Freund und Kollegen, Herrn Studienrat Dorsch, für seine Mitarbeit und Hilfe bei der Erstellung des Manuskriptes, sowie der Dualen Hochschule Heilbronn, dass sie es ermöglicht hat, das angesprochene Konzept in der Vorlesung zu realisieren.

Flein, im Juni 2017

1. MATHEMATIK

„Die Frage, wie natürliche, ‚verworrene' Erfahrungen zu wissenschaftlichen Erfahrungen werden, wie es zu objektiv gültigen Erfahrungsurteilen kommen kann, ist die methodische Kardinalfrage jeder Wissenschaft" (Edmund Husserl)

1.0. ZUR BEDEUTUNG DER MATHEMATIK IN DEN WISSENSCHAFTEN

„Die mathematische Form der Behandlung bei allen streng entwickelten Theorien (im eigentlichen Sinne des Wortes) ist die einzige wissenschaftliche, die einzige welche systematische Geschlossenheit und Vollendung, welche Einsicht über alle möglichen Fragen und Formen ihrer Lösung bietet" (Edmund Husserl)

Haben wir zu einem Problem eine Meinung, so können wir nicht wissen, wie unser Gegenüber hierüber denkt. Selbst in vielen Wissenschaften, sind hier oft mehrere Ansichten möglich. Welche Folgen können sich zum Beispiel aus einer Änderung des Wechselkurses ergeben, wie wirken sich neue Lehrmethoden auf den Lernerfolg aus und viele andere mehr?

In der Mathematik ist so etwas jedoch nicht möglich. Egal zu welcher Zeit, an welchem Ort, wer die Gesetze der Mathematik kennt, kann in einer mathematischen Frage stets nur eine Antwort geben: 2 + 2 = 4. Egal ob er die Regeln kannte oder nicht, auch für einen Steinzeitmenschen galt, dass bei einem Dreieck in der Ebene die Winkelsumme stets 180° beträgt. Wenn ein Marsmensch je auf der Erde landen wird, so wird auch für ihn 17 eine Primzahl sein.

Somit ist die Mathematik die einzige Wissenschaft in der die objektive Wahrheit herrscht. Diese wird durch die konsequente Anwendung der Logik garantiert, diese bildet sozusagen das Gerüst, auf dem die Mathematik aufbaut. Somit ist für ‚Exaktes Wissen' notwendige Bedingung, dass wir es in der Sprache der Mathematik darstellen können. Hinzu muss aber auch noch das ‚Verstehen' der jeweiligen Aussagen hinzukommen. Oft eines der schwierigsten Probleme.

Wir müssen unsere obige Behauptung etwas einschränken. Tatsächlich gibt es eine weitere Wissenschaft, die ebenfalls die Kriterien des ‚Exakten Wissens' erfüllt, die Theoretische Physik. Auch sie baut auf der axiomatischen Methode der Logik auf, wir kennen beispielsweise alle die drei Newton'schen Axiome auf denen die Mechanik ruht. Warum wir allerdings die Mathematik in der physischen Realität wiederfinden ist eines der großen Rätsel. „Das Unerklärlichste an der Natur ist, dass wir sie überhaupt verstehen können", sagt Albert Einstein. „Warum können wir uns bei der Naturbeschreibung der Mathematik bedienen, ohne den dahinter befindlichen Mechanismus zu beschreiben? Niemand weiß es", meint Richard Feynman. Denn Mathematik und Natur gehören zwei völlig verschiedenen Dimensionen an: Die Mathematik ist im rein geistigen, dem ideellen beheimatet, während die Natur der ‚res extensia' (Descartes), der materiellen Außenwelt angehört.

Dennoch wurde, aufgrund ihrer überragenden Erfolge, die Physik zum Vorbild für nahezu alle anderen Wissenschaften. Da die Mathematik diese Erfolge garantierte, war es nun naheliegend, dass diese auch für die anderen Wissenschaften leitend sein sollte. War die mathematische Anwendung jedoch in der Physik schon äußerst problematisch, alleine der Erfolg rechtfertigte sie, so bedarf es hier bei den anderen Wissenschaften erst recht einer ausführlichen Rechtfertigung.

Diese dürfte für die Ökonomie, soweit das Rechnungswesen im weitesten Sinne angesprochen ist, im wesentliche unstreitig sein. Problematischer sind die Verhältnisse in der theoretischen Volkswirtschaftslehre. Diese kann weder in einem widerspruchsfreien Axiomensystem dargestellt werden, noch wird hier die Realität im exakten Sinne durch die mathematische Theorie abgebildet. Beispielsweise kann man in manchen Lehrbüchern lesen, ein Haushalt rechne mit einer exakt definierten Indifferenzkurve, wo dann auf deren Grundlage mit Hilfe einer Lagrangefunktion dessen Nutzenmaximum präzise errechnet wird. Hier wird eine Genauigkeit vorgetäuscht, die es so nicht gibt. Kein Haushalt dürfte je eine derartige Rechnung durchgeführt haben, weder in der Vergangenheit noch in der Gegenwart.

Weshalb wenden wir dann trotzdem die Mathematik in der Ökonomie an? Wie jede Wissenschaft beruht aber auch diese auf gewissen logischen Schlussfolgerungen. Und diese können wir in der Sprache der Mathematik prägnant und durchsichtig formulieren. Beispielsweise erhalten wir so theoretisch exakte Gesetze für die Monopolpreisbildung, wir können das Erfahrungsgesetz des abnehmenden Ertragszuwachses präzise formulieren, sowie viele andere Gesetze, wobei wir uns allerdings immer den oben genannten Einschränkungen bewusst sein müssen.

Daneben ist unser Denken von gewissen grundlegenden Schemata geprägt. Besondere Bedeutung haben hier beispielsweise die Proportionalität und umgekehrte Proportionalität. Beide lassen sich funktional exakt darstellen. Unter anderem werden wir auch am Beispiel der oben genannten Indifferenzkurve exemplarisch zeigen, wie hier allgemeine Überlegungen auf eine Hyperbel führen. Dabei wird nicht der Anspruch erhoben, eine exakte Gleichung hierfür angeben zu können. Es soll lediglich demonstriert werden, wie die mathematische Darstellung hierbei zu einer prägnanten Formulierung dient. In vielen Fällen verfährt übrigens die Physik genauso, beispielsweise bei der allgemeinen Formulierung der Kräfte im Atomkern. Ebenso lassen sich weitere fundamentale ökonomische Prozesse funktional beschreiben, beispielsweise das Wachstum. Somit sollte der Student der Ökonomie mit den grundlegenden mathematischen Methoden vertraut sein.

Die elementaren Rechentechniken, wie Bruchrechnen, einfache Termumformungen, das Lösen von elementaren Gleichungen, Prozent – und Zinsrechnen sollten von der Schule her bekannt sein.

EXKURS:

DIE POLARITÄT OBJEKTIVITÄT VERSUS SUBJEKTIVITÄT

„Wir fühlen, dass selbst, wenn alle möglichen wissenschaftlichen Fragen beantwortet sind, unsere Lebensprobleme noch gar nicht berührt sind." (Ludwig Wittgenstein)

Aus furchteinlösenden Kometen wurden berechenbare Himmelskörper. Ununterbrochen, immer weiter, haben die Wissenschaften unser Wissen in phantastischer Art und Weise bereichert. Die Spannweite reicht vom Kleinsten, dem Atom, bis in die Weiten des Universums. Über die zahllosen Anwendungen in Medizin, Technik, Sozialwissenschaften usw. brauchen wir kein Wort zu verlieren. Ohne in Details zu gehen, die dringendsten menschlichen Probleme:

- das Energieproblem,
- die Gestaltung der ökonomischen Bedingungen so, dass die gesamte Weltbevölkerung zu akzeptablen Bedingungen leben kann,
- diesen Prozess so umzusetzen, dass die unvermeidlich hierbei verbundenen Nebenbedingungen beherrschbar bleiben,

diese Herkulesaufgaben können nur auf wissenschaftlicher Basis gelöst werden. Kein vernünftiger Mensch wird den Wert und die Bedeutung der Wissenschaften bezweifeln.

So ist es auch verständlich, dass von dem Elan, der Wucht, mit der die Wissenschaften unser Leben grundsätzlich veränderten, nicht wenige der großen Philosophen mitgerissen wurden: Voltaire, Karl Marx, der Wiener Kreis und viele andere. Vorurteile würden verschwinden, „alle Kenntnisse werden sich auf die verschiedensten Gebiete ausdehnen. ... Die Natur, einschließlich der Materie wird uns besser gehorchen; der Mensch wird seine Stellung in dieser Welt leichter und angenehmer gestalten" (Priestley). Und für Auguste Comte stand zunächst fest, dass nach der kindliche Phase der Religion, der jugendhaften der Metaphysik nun die dritte männliche Phase der positiven Wissenschaften regieren würde.

Tatsächlich bestimmen heute die Wissenschaften bis in die subtilsten Bereiche unser Leben: Vor der Geburt steht auf Grund eines Ultraschallbildes unser Geschlecht bereits fest, möglich Defekte werden bereits ohne unser Wissen korrigiert. Anschließend durchlaufen wir mehrere Eignungstests, in der Schule werden wir nach wissenschaftlichen Methoden unterrichtet, bei unserem ersten Einstellungsgespräch werden wir psychologisch getestet, unsere Arbeitsabläufe sind wissenschaftlich gestaltet, unsere Lebensversicherung wird nach wissenschaftlichen Methoden berechnet und wenn alles vorbei ist werden wir in einer exakten Sterbestatistik registriert. Und so sind auch wir überzeugt, dass der unklaren subjektiven Meinung die exakte wissenschaftliche Erkenntnis gegenüber steht.

Doch wie würde eine Welt aussehen, die nur die Wissenschaften kennt? Wie wir wissen, ist wissenschaftliche Denken durch Objektivität gekennzeichnet. In einer exakten Theorie muss jeder zum selben Ergebnis kommen. Egal ob einem Steinzeitmenschen sein Werkzeug zu Boden fiel, ob irgendwo im brasilianischen Regenwald momentan ein Blatt von einem Baum fällt, denken wir exakt wissenschaftlich, so verstehen wir dies alle nach demselben Galilei'schen Fallgesetz. Bezüglich der Monopolpreisbildung denken wir alle nach denselben Kategorien, weshalb wir in einer Klausur alle dasselbe schreiben. In einer Welt, die ausschließlich wissenschaftlich denkt, würden alle letztlich dasselbe denken. Individualität hätte hier keinen Raum. Begriffe, die nicht exakt wissenschaftlich definiert werden können blieben außen vor. Werte wie Treue, Ehrlichkeit, Verantwortungsgefühl gegenüber dem Nächsten würde es eben so wenig geben wie Kunst, Glaube und Religion.

„Lässt sich alles naturwissenschaftlich erklären", fragte einmal Max Borns Ehefrau Einstein? „Ja", antwortete dieser, „das ist denkbar, aber es hätte keinen Sinn. Es wäre eine Abbildung mit inadäquaten Mitteln, so als ob man eine Beethoven - Symphonie als Luftdruckkurve darstellte". Und im weiteren fährt er fort: „Wenn also einer fragt: ‚Wozu sollen wir einander fördern, einander das Leben erleichtern, schöne Musik machen und feine Gedanken zu erzeugen suchen?', so wird man ihm sagen müssen: ‚Wenn Du es nicht spürst, so kann es Dir niemand erklären'. Ohne dies Primäre sind wir nichts und lebten am besten gar nicht".

„Wir müssen verhüten, dass das naturwissenschaftliche Denken in abstrakte Begriffe übergreift, in Gebiete wo es nichts zu suchen hat", sagt Max Born. „Die Wissenschaft alleine kann nicht beweisen, dass es etwas Schlechtes ist, Vergnügungen an Grausamkeiten zu finden. Jedes Wissen ist nur mit Hilfe der Wissenschaften möglich; alle Dinge aber, die von Rechts wegen das Gefühl angehen, bleiben außerhalb diese Bereiches" (Bertrand Russel)

AUFGABEN

Afg. 1:

Nennen Sie die wesentlichen Bedingungen, die exaktes Wissen charakterisieren.

Afg. 2:

Die Mathematik definiert den Rahmen, in dem exaktes Wissen möglich ist. In welcher Wissenschaft ist ebenfalls exaktes Wissen möglich. Warum?

Afg. 3:

„Alles was Gegenstand des wissenschaftlichen Denkens überhaupt sein kann, verfällt, sobald es zur Bildung einer Theorie reif ist, der axiomatischen Methode und damit mittelbar der Mathematik" (David Hilbert). Erläutern Sie diesen Satz.

Afg. 4:

„Diejenigen, die sich der Praxis ohne Wissenschaft hingeben, sind wie der Steuermann, der das Schiff ohne Ruder und Kompass lenkt, der niemals die Sicherheit hat, wo er hinfährt." (Leonardo da Vinci). Erläutern sie diesen Satz.

Afg. 5:

„Savoir pour prevoir" (Auguste Comte). Erläutern Sie diesen Satz.

Afg. 6:

Man nenne zwei plausible Gründe, weshalb die Wissenschaften für die Menschheit existentiell sind.

Afg. 7:

Wie würde eine Welt aussehen, in der ausschließlich wissenschaftlich gedacht werden würde?

Afg. 8:

„Die Wissenschaft alleine kann nicht beweisen, dass es etwas Schlechtes ist, Vergnügungen an Grausamkeiten zu finden. Jedes Wissen ist nur mit Hilfe der Wissenschaften möglich; alle Dinge aber, die von Rechts wegen das Gefühl angehen, bleiben außerhalb diese Bereiches" (Bertrand Russel) Erläutern Sie diesen Satz.

1.1. ELEMENTARE FUNKTIONEN

1.1.1. DER FUNKTIONSBEGRIFF

Durch Beziehungen werden zunächst getrennte Sachverhalte, Eigenschaften usw. in einen gewissen Zusammenhang gebracht. Unser ganzes alltägliches Leben ist geprägt hierdurch. Zum Beispiel finden wir eine bestimmte Landschaft als schön, mit einem bestimmten Gut verknüpfen wir einen gewissen Nutzen, ein Getränk als heiß, ein Paar Schuhe in einem Geschäft als zu teuer.

In den Wissenschaften werden derartige Relationen objektiviert. Sie sollen nicht nur für uns, sondern möglichst allgemein gelten, sie sollen für jedermann richtig bzw. falsch sein. Von besonderer Bedeutung sind dann hierbei die kausalen Beziehungen, das heißt, wenn eine zweite Größe in eindeutiger Art und Weise von einer ersten Größe abhängt. Solche Beziehungen können dann oft in idealer Art und Weise durch Funktionen beschrieben werden.

Beispiele:

1. Größe	2. Größe	Funktion
Zeit: t	Ort: s	Bewegung
Volumen: v	Druck: p	Isotherme
Gut: q	Nutzen: N	Nutzen
Nachfrage: x	Preis: p	Nachfragefunktion
Produktionsmenge: x	Kosten: K	Kostenfunktion
Verkaufsmenge: x	Erlös: E	Umsatz
Einkommen: Y	Konsum: C	Konsumfunktion

In der Mathematik abstrahieren wir von den konkreten Bedeutungen und analysieren nur die Relation als Ganzen. Wir schreiben dann oft x für die erste Größe, y für die zweite und schreiben hierfür kurz:

$$y = f(x) \qquad \text{„y ist der Funktionswert von x"}$$

Allgemein:

Definition der Funktion:

Gegeben seien zwei nichtleere Mengen D und W. f ist eine Funktion von D nach W, genau dann, wenn *jedem* Element x aus D *genau ein* Element y aus W zugeordnet ist. D heißt Definitionsbereich und W Wertevorrat. x aus D heißt Argument und y aus W Funktionswert.

Man schreibt:

y = f(x)   „y ist der Funktionswert von x"

Bemerkung:

Durch den Definitionsbereich wird festgelegt, welche Werte die erste Größe annehmen darf, der Werteberreich gibt an, welche Werte die zweite Größe annehmen kann.

Darstellung von Funktionen:

a) Formale Darstellung:

$$f:\quad D \qquad \rightarrow \qquad W$$

$$x \qquad \rightarrow \qquad y = f(x)$$

b) Venn – Diagramm:

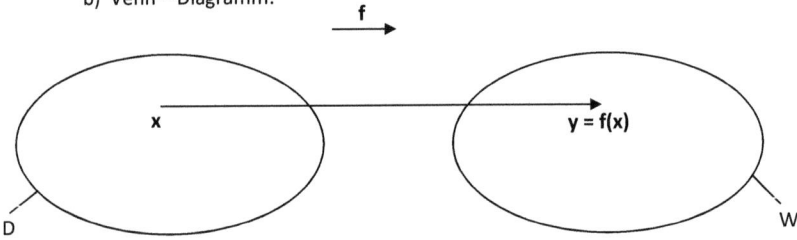

c) Wertetafel:

x	x_1	x_2	x_3	...	x_n
$y = f(x)$	$f(x_1)$	$f(x_2)$	$f(x_3)$	...	$f(x_n)$

d) Koordinatensystem:

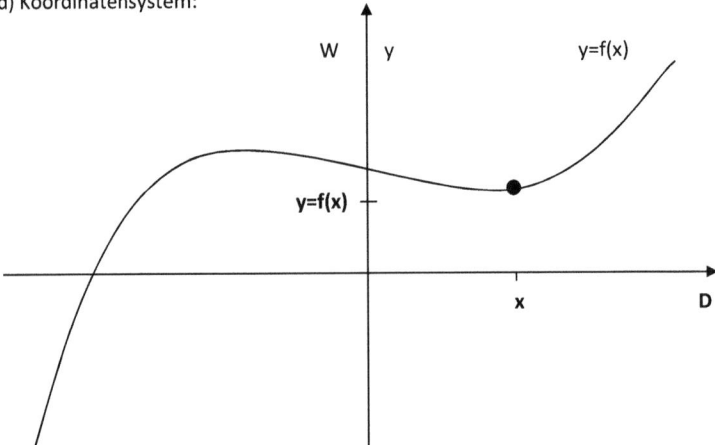

Generelle Vereinbarung:

Wenn nichts anderes gesagt ist, gilt als allgemeine Voraussetzung, dass wir stets als Definitionsbereich und Wertevorrat die Menge der reellen Zahlen **R** annehmen:

$$D = W = \textbf{\textit{R}}$$

Die jeweilige Funktion geben wir dann einfach durch ihre Funktionsgleichung an:

$$y = f(x)$$

AUFGABEN

Afg. 1:

Man definiere den Begriff „Funktion".

Afg. 2:

Worin liegt die allgemeine Bedeutung des Definitionsbereiches.

Afg. 3:

Man erläutere die allgemeinen Bedingungen des Funktionsbegriffes an Hand dreier konkreter Beispiele.

Afg. 4:

Worin besteht die allgemeine Bedeutung des Funktionsbegriffes.

Afg. 5:

Man nenne drei ökonomische Beispiele, die durch Funktionen beschrieben werden.

1.1.2. LINEARE FUNKTIONEN

Die ‚Linearen Funktionen' sind die einfachste und zugleich wichtigste Funktionenklasse. Denn mit ihnen beschreiben wir exakt das Denkschema der ‚Proportionalität'. Und derartige Beziehungen lassen sich in der Realität am leichtesten auffinden.

Lineare Funktionen:

Eine Funktion f heißt linear, genau dann wenn für ihre Funktionsgleichung gilt:

$$y = f(x) = a \cdot x$$

„a heißt Proportionalitätsfaktor"

Beispiel:

$$f(x) = \frac{3}{5} \cdot x, \qquad a = \frac{3}{5}$$

Wertetafel:

x	-2	--1	0	1	2	3	4	5	6	7	8	9	10	11
f(x)	$-\frac{6}{5}$	$-\frac{3}{5}$	0	$\frac{3}{5}$	$\frac{6}{5}$	$\frac{9}{5}$	$\frac{12}{5}$	3	$\frac{18}{5}$	$\frac{21}{5}$	$\frac{24}{5}$	$\frac{27}{5}$	6	$\frac{33}{5}$

Graphische Darstellung:

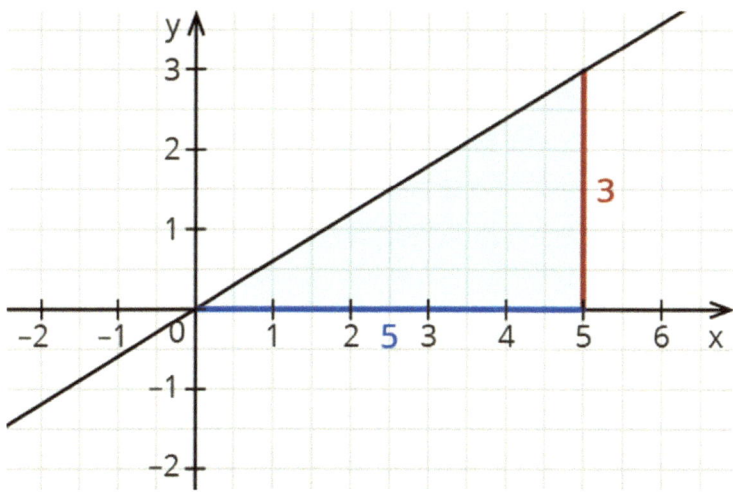

Wir sehen:

Als Schaubild erhalten wir eine Gerade. Offensichtlich hätten hier zwei Punkte genügt. Wählen wir hier naheliegend den Ursprung und als weiteren Punkt einen mit ganzzahligen Koordinaten, so können wir die Gerade ohne weiteres konstruieren, indem wir:

Start: Ursprung (0/0)

Dann: Fünf Einheiten nach rechts → drei Einheiten nach oben

Erweiterte lineare Funktionen:

$$f(x) = a \cdot x + b$$

Beispiel:

$$f(x) = \frac{3}{5} \cdot x - 4, \qquad b = -4$$

Von unserer obigen Funktion $y = \frac{3}{5} \cdot x$ müssen wir nun offenbar von jedem Funktionswert 4 subtrahieren. Es genügen hierzu unsere bereits ausgewählten Punkte (0/0) und (5/3), so dass wir wie folgt vorgehen können:

Start: Ordinatenabschnitt (0/-4)

Dann: Fünf Einheiten nach rechts → drei Einheiten nach oben

Konstruktion linearer Funktionen:

Gegeben:

$$f(x) = \frac{z}{n} \cdot x + b$$

Start: Ordinatenabschnitt (0/b)

Dann: n Einheiten des Nenners nach rechts

→ z Einheiten des Zählers nach oben

Ist $a = \frac{z}{n}$ negativ so gehen wir die z Einheiten des Zählers nach unten.

Anwendungsbeispiele:

1) Gleichförmige Bewegung: $s(t) = v \cdot t + s_0$ v: Geschwindigkeit, s_0: Anfangspunkt
2) Kosten: $K(x) = GK \cdot x + K_f$ GK: Grenzkosten, K_f: Fixkosten
3) Umsatz: $E(x) = p \cdot x$ p: Preis
4) Konsum: $C(Y) = m \cdot Y + C_a$ m: marginaler Consum,
                                               C_a: autonomer Consum

Bemerkungen:

1) Die streng linearen Funktionen der Form $f(x) = a \cdot x$ erfüllen die Linearitätsbedingung:

$$(L1) \qquad f(\lambda \cdot x) = \lambda \cdot f(x)$$
$$(L2) \qquad f(x_1 + x_2) = f(x_1) + f(x_2)$$

2) Man beachte bei der Definitionsgleichung $y = a \cdot x$ den Sonderfall a = 0. Welches Schaubild erhält man dann?

<u>Bedeutung des Ordinatenabschnitts b:</u>

Offenbar bedeutet b den Schnittpunkt mit der y – Achse: $f(0) = a \cdot 0 + b = b$.

Allgemein gibt b den „Startpunkt" an.

<u>Bedeutung des Proportionalfaktors a:</u>

Gegeben sei eine Gerade g: $\qquad f(x) = a \cdot x + b$

Zwei Punkte $P_1 = (x_1/y_1)$, $P_2 = (x_2/y_2)$ auf der Geraden g:

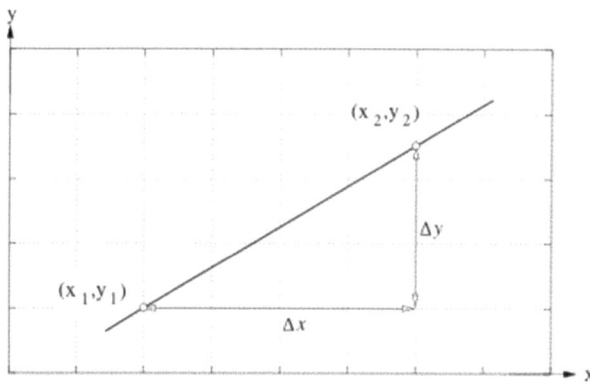

Da die zwei Punkte $P_1 = (x_1/y_1)$, $P_2 = (x_2/y_2)$ auf der Geraden liegen müssen sie auch die Funktionsgleichung erfüllen:

$$Für\ P_1: \qquad y_1 = a \cdot x_1 + b \qquad (1)$$

$$Für\ P_2: \qquad y_2 = a \cdot x_2 + b \qquad (2)$$

Wir subtrahieren (1) von (2):

$$(y_2 - y_1) = ((a \cdot x_2 + b) - (a \cdot x_1 + b)) = a \cdot x_2 - a \cdot x_1 = a \cdot (x_2 - x_1)$$

17

Also:

$$(y_2 - y_1) = a \cdot (x_2 - x_1)$$

Somit:

$$a = \frac{y_2 - y_1}{x_2 - x_1}, \qquad x_2 - x_1 \neq 0$$

Oder mit y = f(x) und dem Operator $\Delta(a, b) = a - b$ können wir auch schreiben:

Ergebnis:

$$\mathbf{a} = \frac{\mathbf{f(x_2) - f(x_1)}}{\mathbf{x_2 - x_1}} = \frac{\mathbf{\Delta f(x)}}{\mathbf{\Delta x}} \quad \text{„Differenzenquotient"}$$

Also:

Der Differenzenquotient gibt somit die Steigung der Geraden g an.

Beispiel:

Gegeben:

$$P_1 = (5/-1), \qquad P_2 = (10/2)$$

Dann:

$$a = \frac{2 - (-1)}{10 - 5} = \frac{3}{5} \qquad \text{(vgl. oben)}$$

Fundamentale Bedeutung des Differenzenquotienten:

Wir setzen $\Delta x = 1$, also: $x_2 - x_1 = 1 \Leftrightarrow x_2 = x_1 + 1$ in den Differenzenquotienten ein:

$$a = \frac{f(x_1 + 1) - f(x_1)}{1} = f(x_1 + 1) - f(x_1) = \Delta f(x)$$

Ergebnis:

Der Differenzenquotient gibt somit an, um wieviel der Funktionswert sich ändert, wenn sich das Argument um eine Einheit ändert.

Beispiel:

Die Geschwindigkeit v gibt somit an, um wieviel sich der Ort ändert, wenn eine Zeiteinheit verflossen ist.

Merke:

Sämtliche Prozesse die proportional ablaufen werden durch lineare Funktionen beschrieben.

AUFGABEN

Afg. 1:

Definieren Sie den Begriff „linear".

Afg. 2:

Zeigen Sie: Die Funktionen der Form f(x) = a · x erfüllen die funktionale Linearitätsbedingung:

$$f(x_1+x_2) = f(x_1) + f(x_2); \quad f(\lambda \cdot x) = \lambda \cdot f(x)$$

Afg. 3:

Erklären Sie den Begriff „proportional".

Afg. 4:

Was bewirkt der Summand b bei der verallgemeinerten Definition der Linearen Funktion?

Afg. 5:

Erläutern Sie die Bedeutung des Summanden b für Anwendungen an drei aussagekräftigen Beispielen.

Afg. 6:

Worin besteht die fundamentale Bedeutung der Steigung a?

Afg. 7:

Erläutern Sie die Bedeutung des Proportionalitätsfaktors a für Anwendungen an drei aussagekräftigen Beispielen.

Afg. 8:

Eine Unternehmung rechne mit linearen Kosten und linearen Erlösen. Es ergeben sich aus dem Rechnungswesen folgende Zahlen:

> Die Grenzkosten betragen 3 GE (Geldeinheiten).

> Bei 5 ME (Mengeneinheiten) fallen Kosten von 27 GE an.

> Der Verkaufspreis beträgt 5 GE.

8.1. Geben Sie die Kostenfunktion an.

8.2. Welche Kosten fallen bei 9 ME an?

8.3. Wie hoch sind die Fixkosten?

8.4. Wann erreicht die Unternehmung die Gewinnzone (Nutzenschwelle)?

8.5. Wie hoch ist der Grenzgewinn?

8.6. Die Kapazitätsgrenze liegt bei 10 ME. Kann der angestrebte Gewinn von 12 GE erreicht

werden?

Afg. 9:

Eine Unternehmung rechne mit linearen Kosten und linearen Erlösen. Es ergeben sich aus dem Rechnungswesen folgende Zahlen:

Bei 4 ME fallen Kosten von 18 GE an, bei 8 ME Kosten von 28 GE.

Die Gewinnzone wird bei $\frac{16}{3}$ ME erreicht.

9.1. Geben Sie die Kostenfunktion an.

9.2. Bei welcher Produktionsmenge fallen Kosten von 23 GE an?

9.3. Wie hoch ist der Grenzgewinn?

Afg. 10:

Aus dem Rechnungswesen ergeben sich folgende Zahlen:

Der Grenzgewinn beträgt 2 GE. Bei 6 ME betragen die Kosten 26 GE und die Fixkosten 8 GE.

10.1. Ermitteln Sie den Verkaufspreis und die Grenzkosten.

10.2. Wie hoch ist der Gewinn bei 6 ME?

10.3. Wann wird die Gewinnzone erreicht?

1.1.3. GANZRATIONALE FUNKTIONEN

Kompliziertere Beziehungen können sehr oft annähernd durch ganzrationale Funktionen oder Polynome beschrieben werden. Dabei stellen diese in einem gewissen Sinn die einfachste Funktionenkasse dar. Insbesondere sind auch unsere in 1.1.2 beschriebenen Lineare Funktionen derartige Polynome.

Ganzrationale Funktionen oder Polynome:

$$f(x) = \sum_{i=0}^{n} a_i \cdot x^i$$

„Ganzrationale Funktion oder Polynom vom Grad n"

Die a_i, i = 0, … ,n heißen die Koeffizienten des Polynoms.

Beispiele:

1. $f(x) = \frac{1}{2} \cdot x^4 - x^2 + 2 \cdot x + 3$, $Grad: n = 4$, $a_4 = \frac{1}{2}, a_3 = 0, a_2 = -1, a_1 = 2, a_0 = 3$

2. $f(x) = x^3 - 2 \cdot x^2$, $Grad: n = 3, a_3 = 1, a_2 = -2, a_1 = a_0 = 0$

3. $f(x) = \frac{3}{5} \cdot x - 4$, $Grad: n = 1, a_1 = \frac{3}{5}, a_0 = -4$

4. $f(x) = 0 = (0 \cdot a^0)$ $Grad: n = 0, a_0 = 0$

Idealtypischer Kostenverlauf:

Unabhängig von der Produktionsmenge beginnen wir bei einem Punkt oberhalb der Ordinate und berücksichtigen so die Fixkosten. Dann nehmen die Kosten degressiv (unterproportional) zu. Dies erklärt sich damit, dass wir mit zunehmender Produktionsmenge die Produktionsfaktoren effizienter einsetzen können (Beispiel?), insbesondere wird hier auch die Arbeitsteilung zunehmend wirksam. Ab einem gewissen Punkt schlägt jedoch der weitere Prozess um, die Kosten wachsen progressiv (überproportional). Wir sind nun nämlich zunehmend gezwungen weniger produktive Faktoren einzusetzen, die Maschinen können infolge der hohen Auslastung nicht mehr effektiv gewartet werden usw. Den genannten Sachverhalt können wir nun kurz und prägnant in einem Funktionsverlauf darstellen:

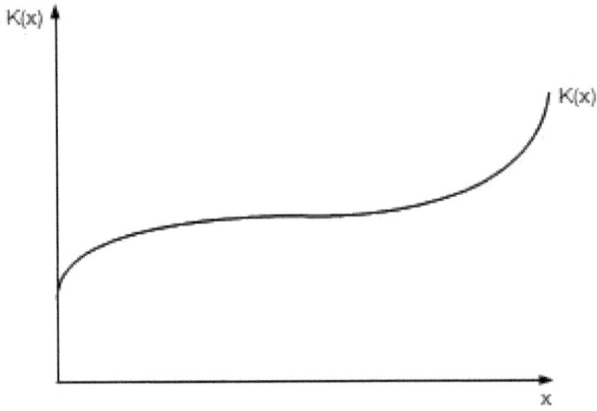

Wir sehen, dass die Kurve mindestens einen Wendepunkt hat, also ist die allgemeine Form ein Polynom dritten Grades:

<u>Typische ökonomische Funktionen:</u>

1. $\qquad K(x) = a \cdot x^3 + b \cdot x^2 + c \cdot x + d \qquad$ „Gesamtkosten"

2. $\qquad K_f(x) = d \qquad$ „Fixkosten"
3. $\qquad K_v(x) = a \cdot x^3 + b \cdot x^2 + c \cdot x \qquad$ „Variable Kosten"
4. $\qquad E(x) = p(x) \cdot x \qquad$ „Umsatz oder Erlös"
$\qquad\qquad p = p(x) \qquad$ „Nachfragefunktion"
$\qquad\qquad p = p \quad \Rightarrow \quad E(x) = p \cdot x \qquad$ „ Linearer Erlös"

5. $\qquad G(x) = E(x) - K(x) \qquad$ „Gewinn"

6. $\qquad S(x) = \frac{K(x)}{x} = \frac{a \cdot x^3 + b \cdot x^2 + c \cdot x + d}{x}$

$\qquad\qquad = a \cdot x^2 + b \cdot x + c + \frac{d}{x} \qquad$ „Stückkosten"

Bemerkung:

Wegen dem Summanden $\frac{d}{x}$ ist die Stückkostenfunktion keine ganzrationale Funktion (vgl. 1.1.4.)

7. $\qquad s(x) = a \cdot x^2 + b \cdot x + c \qquad$ „Variable Stückkosten"

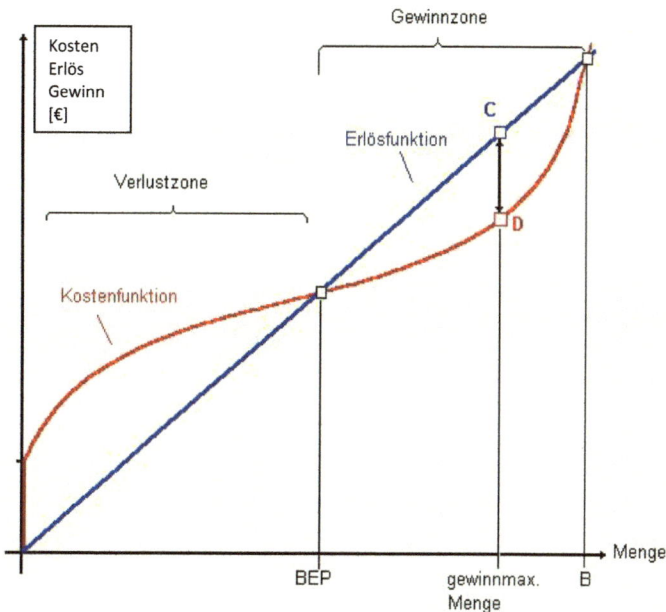

Fundamentale ökonomische Größen:

1.) Nutzengrenze und Nutzenschwelle:

Ansatz:

$$E(x) = K(x) \qquad \Leftrightarrow \qquad G(x) = 0$$

Sind x_{NS} und x_{NG} die positiven Lösungen dieser Gleichungen, $x_{NS} \leq x_{NG}$, so heißen:

$$x_{NS}: Nutzenschwelle \qquad x_{NG}: Nutzengrenze$$

Gilt: $\qquad x_{NS} \leq x \leq x_{NG}, \qquad$ so folgt: $\qquad G(x) \geq 0$

2.) Gewinnmaximale Produktionsmenge $x_{G_{max}}$ und maximaler Gewinn G_{max}:

Ansatz:

$$G'(x) = 0$$

„Hochpunkt des Gewinns (vgl. hierzu 1.2.2.)"

3.) Betriebsminimum

Minimum der variablen Stückkosten

Ansatz:

$$s'(x) = 0$$

„Tiefpunkt der variablen Stückkkosten"

Ökonomische Bedeutung:

Das Betriebsminimum definiert die kurzfristige Preisuntergrenze (Warum?).

4.) Betriebsoptimum:

Minimum der Stückkosten

Ansatz:

$$S'(x) = 0$$

„Tiefpunkt der Stückkosten (vgl. hierzu 1.2.2.)"

Ökonomische Bedeutung:

Das Betriebsoptimum definiert die langfristige Preisuntergrenze (Warum?)

Graphische Bestimmung:

Gegeben sei die Kostenkurve y = K(x):

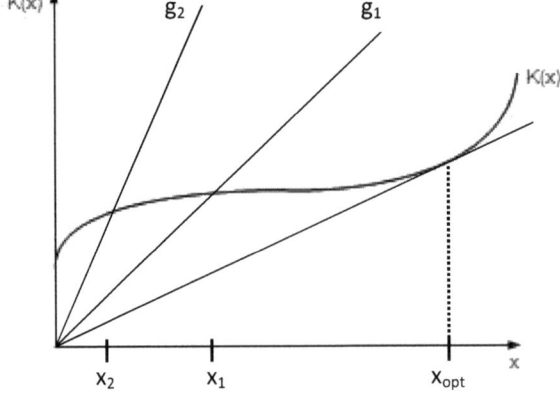

Eine beliebige Ursprungsgerade g_2 schneide diese im Punkt $P_2 = (x_2 / y_2)$. Offenbar gilt für deren Steigung: $a_2 = \frac{y_2}{x_2} = \frac{K(x_2)}{x_2} = S(x_2)$. Ebenso gilt für g_1: $a_1 = \frac{y_1}{x_1} = \frac{K(x_1)}{x_1} = S(x_1)$.

Wegen $\qquad a_1 < a_2 \qquad$ folgt: $\qquad S(x_1) < S(x_2)$

Also ist das Minimum an der kleinstmöglichen Steigung einer Ursprungsgeraden zu finden, die mit der Kostenkurve gerade noch einen gemeinsamen Punkt hat und das ist die Tangente.

Ergebnis:

Das Betriebsoptimum ist dort, wo eine Ursprungsgerade zur Tangente an die Kostenkurve wird.

AUFGABEN

Afg. 1:

Gegeben sei:

$$K(x) = x^3 - 9 \cdot x^2 + 30 \cdot x + 16; E(x) = 24 \cdot x; 0 \leq x \leq 10$$

1.1. Stellen Sie beide Funktionen in einem Koordinatensystem dar.

1.2. Ermitteln Sie graphisch Nutzenschwelle und Nutzengrenze.

1.3. Ermitteln Sie graphisch das Betriebsoptimum.

1.4. Stellen Sie die Stückkostenfunktion graphisch dar und vergleichen Sie das Minimum von dieser mit dem graphisch ermittelten Wert aus 1.3.

1.5. Bestimmen Sie: Die Fixkostenfunktion, die Funktion der variablen Kosten, die Funktion der variablen Stückkosten und die Gewinnfunktion.

1.6. Stellen Sie die Gewinnfunktion ebenfalls graphisch dar.

Afg. 2:

Gegeben sei:

$$K(x) = x^3 - 8 \cdot x^2 + 24 \cdot x + 20; E(x) = 20 \cdot x; 0 \leq x \leq 6$$

2.1. Stellen Sie beide Funktionen in einem Koordinatensystem dar.

2.2. Ermitteln Sie graphisch Nutzenschwelle und Nutzengrenze.

2.3. Ermitteln Sie graphisch das Betriebsoptimum.

2.4. Stellen Sie die Stückkostenfunktion graphisch dar und vergleichen Sie das Minimum von dieser mit dem graphisch ermittelten Wert aus 2.3.

2.5. Bestimmen Sie: Die Fixkostenfunktion, die Funktion der variablen Kosten, die Funktion der variablen Stückkosten und die Gewinnfunktion.

2.6. Stellen Sie die Gewinnfunktion ebenfalls graphisch dar.

Afg. 3:

Gegeben sei:

$$K(x) = x^3 - 12 \cdot x^2 + 76 \cdot x + 28; E(x) = p(x) \cdot x, p(x) = 80 - 5 \cdot x; 0 \leq x \leq 10$$

3.1.   Stellen Sie beide Funktionen in einem Koordinatensystem dar.

3.2.   Ermitteln Sie graphisch Nutzenschwelle und Nutzengrenze.

3.3.   Ermitteln Sie graphisch das Betriebsoptimum.

3.4.   Stellen Sie die Stückkostenfunktion graphisch dar und vergleichen Sie das Minimum
       von dieser mit dem graphisch ermittelten Wert aus 3.3.

3.5.   Bestimmen Sie: Die Fixkostenfunktion, die Funktion der variablen Kosten, die

       Funktion der variablen Stückkosten und die Gewinnfunktion.

3.6.   Stellen Sie die Gewinnfunktion ebenfalls graphisch dar.

Afg. 4:

Inwiefern ist durch das Betriebsoptimum die langfristige Preisuntergrenze definiert? Das
Minimum der variablen Stückkosten ist das Betriebsminimum. Worin liegt hier die
ökonomische Bedeutung? Begründung!

1.1.4.DIE HYPERBEL

Mit einer Hyperbel beschreiben wir exakt sämtliche Prozesse, die umgekehrt proportional ablaufen. Das heißt genauer nach dem Schema: „je weniger, desto mehr bzw. je mehr, desto weniger".

<u>Beispiel:</u>

Wir machen einen kleinen Ausflug in die Physik und betrachten ein ,Ideales Gas': Dieses wird durch drei Größen in seinem Verhalten beschrieben: Druck p, Volumen v und Temperatur T. Nehmen wir an, die Temperatur T sei konstant, so erhalten wir ein Isotherme. Man skizziere eine solche für alternativen Druck p und Volumen v in einem Koordinatensystem mit der Abszisse v und der Ordinate p. Inwiefern ist hierbei die Bedingung der umgekehrten Proportionalität erfüllt?

<u>Definition:</u>

$$f: \boldsymbol{R} \quad\rightarrow\quad \boldsymbol{R} - \{0\}$$

$$x \quad\rightarrow\quad \frac{1}{x}$$

(dabei bedeutet $\boldsymbol{R} - \{0\}$: Alle reelle Zahlen außer der Null)

Wertetafel:

x	-4	--3	-2	-1	$-\frac{1}{2}$	$-\frac{1}{4}$	0	$\frac{1}{4}$	$\frac{1}{2}$	1	2	3	4
f(x)	$-\frac{1}{4}$	$-\frac{1}{3}$	$-\frac{1}{2}$	-1	-2	-4	X	4	2	1	$\frac{1}{2}$	$\frac{1}{3}$	$\frac{1}{4}$

Graphische Darstellung:

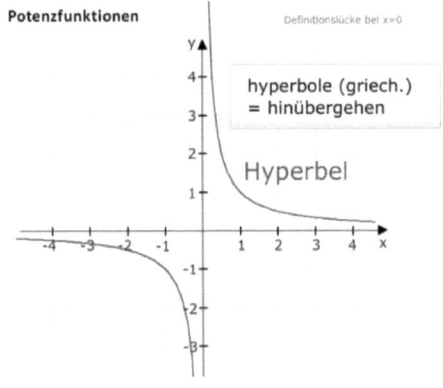

Das erhaltene Schaubild ist eine Hyperbel.

Ökonomische Anwendung:

Sinn der Ökonomie ist die optimale Bedürfnisbefriedigung. Bekanntlich werden Bedürfnisse durch Güter befriedigt und solche entstehen durch Produktion aus den drei Produktionsfaktoren Boden, Arbeit und Kapital. Eine Funktion, die die Produktion in Abhängigkeit dieser Faktoren beschreibt heißt eine Produktionsfunktion:

$$I = I(x_1, x_2, x_3)$$

Die x_i, i = 1, 2, 3 stehen dabei für die genannten Produktionsfaktoren.

Nehmen wir zur Vereinfachung nur zwei Faktoren an, z. B. x_1: Arbeit, x_2: Kapital oder x_1: Boden, x_2: Arbeit usw. Nehmen wir an, die Produktion I sei konstant, so könne wir diese durch alternative Kombination der beiden Faktoren x_1 und x_2 realisieren. Wir stellen diese in einem Koordinatensystem mit der Abszisse x_1 und der Ordinate x_2 dar:

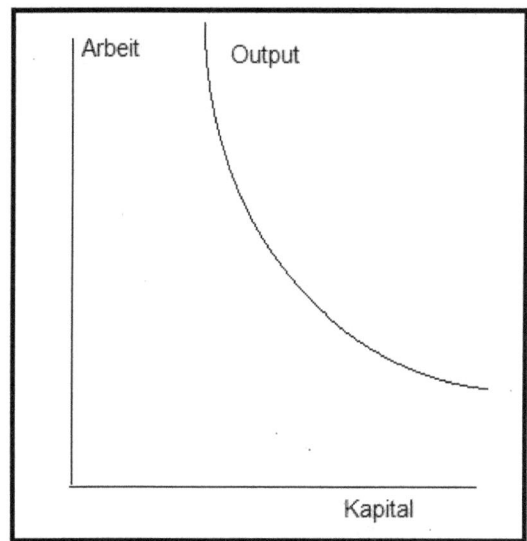

Isoquante:

Allgemein heißt eine derartige Kurve Isoquante, genauer:

Die Isoquante verbindet alle Einsatzfaktoren, die bei der entsprechenden Produktion denselben Ertrag liefern.

Offenbar ist die Isoquante eine Hyperbel nach dem Prinzip: „Je mehr vom einen Produktionsfaktor desto weniger vom anderen Faktor und umgekehrt"

Nun überlegen wir folgendes:

Für alternative Produktionsmengen gelte:

$$I_1 < I_2 < I_3 < \cdots$$

Dann muss allgemein gelten:

$$I_i < I_j \qquad \Leftrightarrow \qquad I_j \text{ verläuft weiter vom Ursprung entfernt als } I_i$$

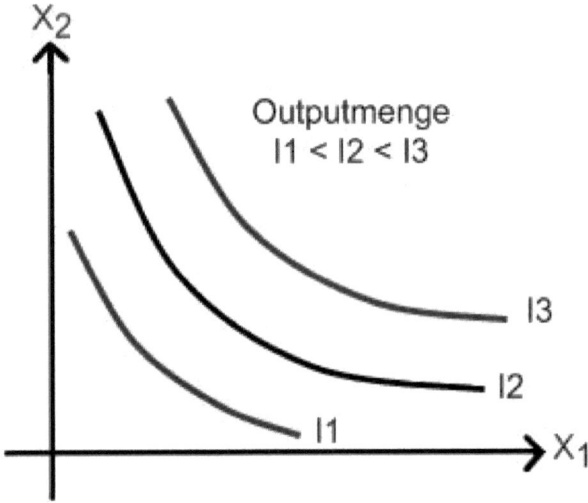

<u>Minimalkostenkombination:</u>

Wir betrachten nun eine bestimmte Isoquante und fragen, welche Faktorkombination konkret gewählt wird?

Hierzu ziehen wir die Kostenfunktion heran:

$$K(x_1, x_2) = p_1 \cdot x_1 + p_2 \cdot x_2$$

p_i: Faktorpreise, i = 1, 2. Z. B.: Arbeit: Lohn, Kapital: Zins usw.

Annahme:

Konstante Kosten K_{const}:

$$K_{const}(x_1, x_2) = p_1 \cdot x_1 + p_2 \cdot x_2 \qquad \Leftrightarrow \qquad x_2 = -\frac{p_1}{p_2} \cdot x_1 + \frac{K_{const}}{p_2}$$

$$\text{„Isokoste"}$$

Allgemein:

Eine Isokoste ist die Linie aller Faktorkombinationen, die dieselben Kosten verursachen.

Offenbar gilt:

Für alternative K_i erhalten wir parallele Geraden mit der Steigung $-\frac{p_1}{p_2}$ und dem Ordinatenabschnitt $\frac{K_{const}}{p_2}$.

Dann gilt:

$$K_i < K_j \qquad \Leftrightarrow \qquad K_j \text{ verläuft weiter vom Ursprung entfernt als } K_i$$

Denn der Ordinatenabschnitt ist bis auf einen konstanten Faktor durch K_{const} bestimmt.

Minimalkostenkombination

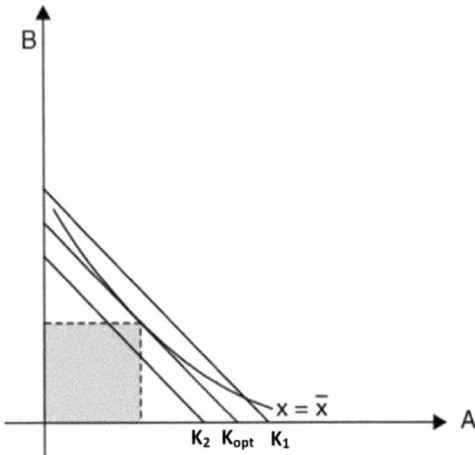

Man sieht:

1. Die Produktion I kann mit der Faktorkombination (x_1^1/x_2^1) zu Kosten K_1 realisiert werden.
2. Ebenso für die Faktorkombination (x_1^{opt}/x_2^{opt}) zu Kosten K_{opt}, wobei diese kostengünstiger ist.
3. Mit Kosten K_2 ist die Produktion $I = \bar{x}$ nicht möglich.

Ergebnis:

Die optimale Faktorkombination ergibt sich dort, wo die Isokoste zur Tangente an die Isoquante wird.

<u>Allgemein:</u>

Sämtliche Prozesse, die nach dem Schema „je mehr desto weniger" oder „je weniger desto mehr", also umgekehrt proportional ablaufen, werden durch eine Hyperbel beschrieben.

AUFGABEN

Afg. 1:

Wir nehmen für einen Haushalt ein zwei Gütermodell an. Unter einer Indifferenzkurve versteht man die Verbindung sämtlicher Güterkombinationen (q_1,q_2) die dem Haushalt die identische Bedürfnisbefriedigung verschaffen.

1.1. Man begründe: die Indifferenzkurve ist unter normalen Bedingungen eine Hyperbel.
1.2. Man begründe: je weiter die Indifferenzkurve vom Ursprung entfernt ist, umso höher ist die Bedürfnisbefriedigung, die diese Kurve repräsentiert.
1.3. Man begründe: Zwei Indifferenzkurven können sich niemals schneiden.
1.4. Ist Y das Einkommen des Haushaltes, p_i, i = 1,2, die Güterpreise, so gilt unter den genannten Voraussetzungen:

$$Y = p_1q_1 + p_2q_2 \quad \text{„Budgetgerade"}$$

Wir nehmen an, die Preise und das Budget des Haushaltes seien vorgegeben. Wie muss

der Haushalt seine Bedürfnisbefriedigung vornehmen, wenn er seinen Nutzen maximieren will? Begründung!

Afg. 2:

Man bestimme die Funktion der Stückkosten für die Funktionen der Aufgaben 1, 2 und 3 aus 1.1.3. Man stelle diese graphisch dar und bestimme näherungsweise das Minimum. Man vergleiche die jeweiligen Werte mit denjenigen, die mit Hilfe der graphischen Methode für das Betriebsoptimum dort ermittelt wurden.

1.1.5. DIE EXPONENTIALFUNKTION

Bemerkung:

Wir erinnern noch einmal an die fundamentalen Rechenregeln für Potenzen:

$$(1) \qquad a^\alpha \cdot a^\beta = a^{\alpha+\beta}$$
$$(2) \qquad a^{\alpha \cdot \beta} = (a^\alpha)^\beta$$

Nach der Legende erbat sich der Erfinder des Schachspiels von dem indischen König er möge auf dem ersten Feld ein Reiskorn, auf dem nächsten zwei, dann vier, acht, sechzehn usw. erhalten. Man stelle diesen Prozess als eine Funktion dar. Wir nehmen an, wir haben eine Zählmaschine, die in einer Sekunde eine Million Körner zählt. Wie lange würde sie benötigen, um die Körner des 64-sten Feldes zu zählen?

Die Exponentialfunktion:

$$exp_a(x) = a^x$$

„Exponentialfunktion zur Basis a"

Beispiel:

$$exp_2(x) = 2^x$$

Wertetafel:

x		-4	$--3$	-2	-1	0	$\frac{1}{2}$	1	2	3	4
$exp_2(x) = 2^x$		$\frac{1}{16}$	$\frac{1}{8}$	$\frac{1}{4}$	$\frac{1}{2}$	1	$\sqrt{2}$	2	4	8	16

Graphische Darstellung:

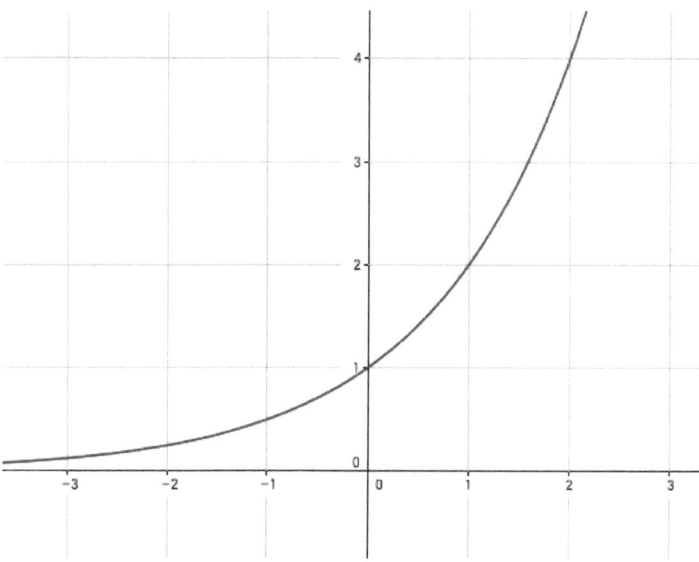

Ökonomische Anwendung:

Beispiel:

Zinseszins bei jährlichem Zuschlag:

Bekanntlich gilt für die Zinsformel:

$$z = \frac{K \cdot p \cdot t}{100 \cdot 360}$$

Dabei gilt: z: Zins, K: Kapital, p: Zinsfuß, t: Tage

Nehmen wir den Jahreszins, so erhalten wir mit t = 360:

$$z = \frac{K \cdot p}{100} = K \cdot \frac{p}{100}$$

Offenbar gilt dann mit dem Anfangskapital K_0 nach dem ersten Jahr:

$$K(1) = K_0 + z = K_0 + K_0 \cdot \frac{p}{100} = K_0 \cdot (1 + \frac{p}{100})$$

Genauso folgt für das zweite Jahr:

$$K(2) = K(1) + z = K(1) + K(1) \cdot \frac{p}{100} = K(1) \cdot (1 + \frac{p}{100})$$

Setzen wir hier den Wert von K(1) ein, so erhalten wir:

$$K(2) = K(1) \cdot (1 + \frac{p}{100}) = (K_0 \cdot (1 + \frac{p}{100})) \cdot (1 + \frac{p}{100}) = K_0 \cdot (1 + \frac{p}{100})^2$$

Genauso:

$$K(3) = K(2) \cdot (1 + \frac{p}{100}) = (K(1) \cdot (1 + \frac{p}{100})) \cdot (1 + \frac{p}{100}) = K_0 \cdot (1 + \frac{p}{100})^3$$

$$K(4) = K(3) \cdot (1 + \frac{p}{100}) = (K(2) \cdot (1 + \frac{p}{100})) \cdot (1 + \frac{p}{100}) = K_0 \cdot (1 + \frac{p}{100})^4$$

Allgemein:

Wir setzen induktiv mit dem Anfangskapital K_0:

$$K_0 = K_0$$

$$K(n + 1) = K(n) \cdot (1 + \frac{p}{100})$$

Schließlich setzen wir:

$$q = 1 + \frac{p}{100}$$

Ergebnis:

$$K(n) = K_0 \cdot q^n$$

<u>Allgemein:</u>

Sämtliche Wachstumsprozesse, werden durch eine Exponentialfunktion beschrieben.

Merke:

Die wichtigste Exponentialfunktion hat als Basis die Eulersche Zahl:

$$e \approx 2{,}718281828 \dots$$

$$\exp(x) = e^x$$

AUFGABEN

Afg. 1:

Man berechne mit Hilfe der Induktionsformel: K(5), K(6) und K(7).

Afg. 2:

Wir nehmen an, unser Vorfahre habe bei Christi Geburt einen Cent zu ein Prozent Zins angelegt (jährlicher Zuschlag). Über welches Kapital können wir uns heute freuen?

Afg. 3:

Ein Kapital von 10000€ werde bei einem Zinsfuß von 4% angelegt. Auf welchen Betrag ist es nach 15 Jahren angewachsen?

Afg. 4:

Erfolgt der Zuschlag nicht jährlich, sondern nach $\frac{1}{k}$ Jahren, so errechnet sich der Bestand nach folgender Formel:

$$K(n) = K(0) \cdot (1 + \frac{p}{100k})^{k \cdot n}$$

Leiten Sie diese Formel her.

Afg. 5:

Man zeige:

Exponentialfunktionen erfüllen die folgende Funktionalgleichung:

$$f(x_1+x_2) = f(x_1) \cdot f(x_2)$$

1.1.6. DIE UMKEHRFUNKTION

Gegeben sei eine Funktion f:

$$f: D \qquad \rightarrow \qquad W$$

$$a \qquad \rightarrow \qquad b = f(a)$$

Existiert zu jedem b genau ein a, so können wir bilden:

$$f^{-1}: W \qquad \rightarrow \qquad D$$

$$b \qquad \rightarrow \qquad a = f^{-1}(b)$$

Venn-Diagramm:

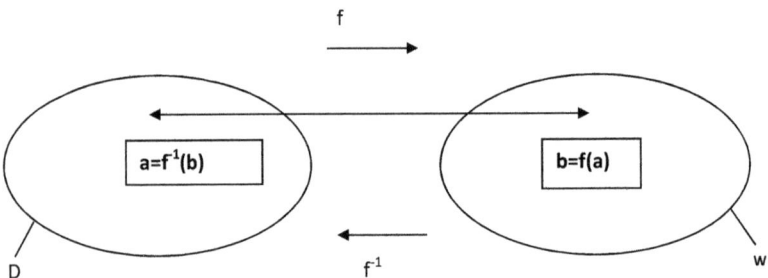

Also:

$$f(a) = b \qquad \Leftrightarrow \qquad f^{-1}(b) = a$$

Beispiele:

1.) $\qquad\qquad\qquad\qquad f(x) = x^2$

$$f(2) = 4 \qquad \Leftrightarrow \qquad f^{-1}(4) = 2$$

$$f(3) = 9 \qquad \Leftrightarrow \qquad f^{-1}(9) = 3$$

$$f(4) = 16 \qquad \Leftrightarrow \qquad f^{-1}(16) = 4$$

.

$$f(12) = 144 \qquad \Leftrightarrow \qquad f^{-1}(144) = 12$$

Also:

$$f^{-1}(x) = \sqrt{x}$$

2.)
$$f(x) = 2^x$$

$$f(0) = 2^0 = 1 \qquad \Leftrightarrow \qquad f^{-1}(1) = 0$$

$$f(1) = 2^1 = 2 \qquad \Leftrightarrow \qquad f^{-1}(2) = 1$$

$$f(2) = 2^2 = 4 \qquad \Leftrightarrow \qquad f^{-1}(4) = 2$$

$$f(3) = 2^3 = 8 \qquad \Leftrightarrow \qquad f^{-1}(8) = 3$$

.

$$f(8) = 2^8 = 256 \qquad \Leftrightarrow \qquad f^{-1}(256) = 8$$

Merke:

Der Logarithmus zur Basis a von b ist diejenige Zahl, mit der man a potenzieren muss um b zu erhalten:

$$log_a(b) = c \qquad \Leftrightarrow \qquad a^c = b$$

Beispiele:

1. $$log_2(64) = 6 \qquad \Leftrightarrow \qquad 2^6 = 64$$

2. $$log_3(81) = 4 \qquad \Leftrightarrow \qquad 3^4 = 81$$

Merke:

Die Umkehrfunktion der e – Funktion ist der natürliche Logarithmus ln:

$$exp^{-1} = ln$$

Für den Logarithmus bestätigen wir dann folgende Funktionalgleichung:

$$log_a(u \cdot v) = log_a(u) + log_a(v)$$

Sowie die Regel:

$$log_a(u^\alpha) = \alpha \cdot log_a(u)$$

Offenbar gilt:

$$f(f^{-1}(b)) = b \quad bzw. \quad f^{-1}(f(a)) = a$$

„Funktion und Umkehrfunktion heben sich gegenseitig weg"

Also:

$$(\sqrt{x})^2 = x = \sqrt{x^2} \quad ; \quad log_a(a^x) = x \quad ; \quad a^{log_a(x)} = x$$

<u>Anwendung:</u>

Lösen von Gleichungen:

Beispiel 1:

$$x^4 = 16 \quad \Leftrightarrow \quad \sqrt[4]{x^4} = \sqrt[4]{16} \quad \Leftrightarrow \quad x = 2$$

Beispiel 2:

$$5^x = 2,9 \quad \Leftrightarrow \quad \ln(5^x) = \ln(2,9) \Leftrightarrow \quad x \cdot \ln(5) = \ln(2,9)$$

$$\Leftrightarrow \quad x = \frac{\ln(2,9)}{\ln(5)} \approx \frac{1,061}{1,61} \approx 066$$

AUFGABEN

Afg. 1:

Man konstruiere die Umkehrfunktion zur Kostenfunktion. Was gibt diese ökonomisch an?

Afg. 2:

Man löse folgende Gleichungen durch Anwendung der Umkehrfunktion:

a) $x^6 = 64$ b) $x^{12} = 8{,}34$ c) $\sqrt[4]{x} = 1{,}8$ d) $5^{3x+1} = 5^7$

e) $3^{2x-1} = 1$ f) $7^x = 12$ g) $1{,}58^x = 14$ h) $log_{10}(x) = 3$

Afg. 3:

Welches Kapital muss man bei 5,2% Zinsen anlegen, damit man nach 8 Jahren 15.000 € erhält?

Afg. 4:

In welchem Zeitraum hat sich ein Kapital bei 4% Zinsen verdreifacht?

Afg. 5:

Bei wie viel Prozent verdoppelt sich ein Kapital in 10 Jahren?

Afg. 6:

Man beweise die Regeln:

$$log_a(u \cdot v) = log_a(u) + log_a(v)$$
$$log_a(u^\alpha) = \alpha \cdot log_a(u)$$

1.2. GRUNDLAGEN DER INFINITISIMALRECHNUNG

1.2.1. DER GRENZWERT

Flächen können elementargeometrisch nur exakt berechnet werden, wenn sie geradlinig begrenzt sind, z. B. durch Zerlegung in Dreiecke. Dies trifft offensichtlich für den Kreis nicht zu. Wie wir aus der Schule noch wissen, haben wir dann in diesen fortlaufend regelmäßige Vielecke einbeschrieben, deren Inhalt berechnet und so den Kreisinhalt immer genauer angenähert, bis wir dies dann in der bekannten Kreisflächenformel zusammengefasst haben:

$$A_{Kreis} = \pi \cdot r^2$$

Ähnlich können wir den Wert $\sqrt{2}$ durch eine Folge von Dezimalzahlen fortlaufend genauer bestimmen:

$$a_1 = 1 \qquad \Rightarrow \qquad 1^2 = 1 < 2$$

$$a_2 = 1{,}4 \qquad \Rightarrow \qquad 1{,}4^2 = 1{,}96 < 2$$

$$a_3 = 1{,}41 \qquad \Rightarrow \qquad 1{,}41^2 = 1{,}9881 < 2$$

$$a_4 = 1{,}414 \qquad \Rightarrow \qquad 1{,}414^2 = 1{,}9993 < 2$$

$$a_5 = 1{,}4142 \qquad \Rightarrow \qquad 1{,}4142^2 = 1{,}99996 < 2$$

.

.

Allgemein:

Können wir einen Wert nicht direkt, „auf Anhieb", bestimmen, so können wir ihn oft durch eine Folge von Zahlen der beschriebenen Art approximieren:

$$[a_n] = [a_1, a_2, a_3, a_4, \dots]$$

Definition:

$$[a_n]_{n \in N} \qquad\qquad \text{heißt Folge}$$

„Nähern" sich die Folgewerte *genau einer Zahl a „beliebig" genau an*, so sagen wir, die Folge konvergiere gegen die Zahl a. a heißt der Grenzwert, symbolisch:

$$\lim_{n \to \infty} [a_n] = a$$

Beispiel:

$$\lim_{n \to \infty} \left[\frac{1}{n}\right] = 0$$

Für unser obiges Beispiel erhalten wir:

$$\lim_{n \to \infty} [a_n] = \sqrt{2}$$

Eine Folge, die nicht konvergiert, heißt divergent, symbolisch:

$$\lim_{n \to \infty} [a_n] = \infty$$

Beispiel:

$$[a_n] = [n]$$

AUFGABE

Afg.:

Bestimmen Sie für die nachstehenden Folgen den jeweiligen Grenzwert, falls er existiert:

a) $[\frac{1}{2+3n}]$ b) $[\frac{6-3n}{2n+5}]$ c) $[\frac{n^2+1}{1+12n}]$ d) $[2 + \frac{(-1)^n}{n}]$ e) $\left[(-1)^n + \frac{1}{n}\right]$

f) $[\sqrt[n]{\frac{1}{n}}]$ g) $\left[(1+\frac{1}{n})^n\right]$ h) $[\frac{\left(2+\frac{1}{n}\right)^2 - 2^2}{\frac{1}{n}}]$ i) $[\frac{\left(1+\frac{1}{n}\right)^4 - 1^4}{\frac{1}{n}}]$

1.2.2. ELEMENTARE DIFFERENTIALRECHNUNG

Bei einer Linearen Funktion gibt der Steigungsfaktor a die Änderung des Funktionswertes an, wenn sich das Argument x um eine Einheit ändert (vgl. 1.1.2.). Diese Überlegung übertragen wir nun auf eine beliebige Kurve. Es ist klar, dass dabei im Allgemeinen der Änderungswert für jede Punkt verschieden ist, im Gegensatz zu den Linearen Funktionen.

Als Beispiele legen wir die Funktionen

$$f(x) = x^3 \text{ (kubische Parabel)}, \quad \text{sowie } f(x) = \frac{1}{x} \text{ (Hyperbel)}$$

zugrunde.

Dabei berechnen wir zunächst:

$$(a+b)^3 = (a+b)^2 \cdot (a+b) = (a^2 + 2 \cdot a \cdot b + b^2) \cdot (a+b)$$
$$= a^3 + 3 \cdot a^2 \cdot b + 3 \cdot a \cdot b^2 + b^3$$

1. Absolute Änderung:

$$\Delta y = f(x_0 + \Delta x) - f(x_0)$$

Beispiele:

a) $y = f(x) = x^3$:

$$\Delta y = f(x + \Delta x) - f(x) = (x + \Delta x)^3 - x^3 = (x^3 + 3 \cdot x^2 \cdot \Delta x + 3 \cdot x \cdot \Delta x^2 + \Delta x^3) - x^3$$
$$= 3 \cdot x^2 \cdot \Delta x + 3 \cdot x \cdot \Delta x^2 + \Delta x^3 = \Delta x \cdot (3 \cdot x^2 + 3 \cdot x \cdot \Delta x + \Delta x^2)$$

b) $y = f(x) = \frac{1}{x}$:

$$\Delta y = f(x + \Delta x) - f(x) = \frac{1}{x + \Delta x} - \frac{1}{x} = \frac{x - (x + \Delta x)}{(x + \Delta x) \cdot x} = \frac{-\Delta x}{(x + \Delta x) \cdot x} = -\frac{\Delta x}{(x + \Delta x) \cdot x}$$

Beispiele:

Bewegung s = f(t):   „Änderung des Ortes im Zeitintervall Δt"

Kosten: K = K(x):   „Änderung der Kosten im Produktionsintervall Δx"

2. Relative Änderung:

$$\frac{\Delta y}{\Delta x} = \frac{f(x_0 + \Delta x) - f(x_0)}{\Delta x}$$

„Differenzenquotient"

Geometrisch gibt der Differenzenquotient die Steigung der Sekante durch die Kurvenpunkte $(x_0/f(x_0))$ und $(x_0 + \Delta x/f(x_0 + \Delta x))$ an (vgl. 1.1.2.).

Beispiele:

a) $y = f(x) = x^3$:

$$\frac{\Delta y}{\Delta x} = \frac{f(x+\Delta x) - fx)}{\Delta x} = \frac{\Delta x \cdot (3 \cdot x^2 + 3x \cdot \Delta x + \Delta x^2)}{\Delta x} = 3 \cdot x^2 + 3 \cdot x \cdot \Delta x + \Delta x^2$$

b) $y = f(x) = \frac{1}{x}$:

$$\frac{\Delta y}{\Delta x} = \frac{f(x_0 + \Delta x) - f(x_0)}{\Delta x} = \frac{-\frac{\Delta x}{(x_0 + \Delta x) \cdot x_0}}{\Delta x} = -\frac{1}{(x_0 + \Delta x) \cdot x_0}$$

Beispiele:

Bewegung s = f(t): „Durchschnittliche Änderung des Ortes im Zeitintervall Δt (Durchschnittsgeschwindigkeit)"

Kosten: K = K(x): „Durchschnittliche Änderung der Kosten im Intervall Δx (Durchschnittskosten)"

3. Momentane Änderung:

Wir vermindern nun das Intervall Δx fortlaufend, das heißt wir bilden:

$$\lim_{\Delta x \to 0} \frac{f(x_0 + \Delta x) - f(x_0)}{\Delta x} = \lim_{\Delta x \to 0} \frac{\Delta y}{\Delta x} = \frac{dy}{dx} = f'(x_0)$$

„Differentialquotient"

46

Merke:

Der Differentialquotient oder die Ableitung gibt die Steigung der Tangente im Kurvenpunkt $(x_0 / f(x_0))$ an.

Beispiele:

a) $y = f(x) = x^3$:

$$f'(x) = \lim_{\Delta x \to 0} \frac{f(x_0 + \Delta x) - f(x_0)}{\Delta x} = \lim_{\Delta x \to 0}(3 \cdot x_0^2 + 3 \cdot x_0 \cdot \Delta x + \Delta x^2) = 3 \cdot x_0^2$$

b) $y = f(x) = \frac{1}{x}$

$$f'(x) = \lim_{\Delta x \to 0} \frac{f(x_0 + \Delta x) - f(x_0)}{\Delta x} = \lim_{\Delta x \to 0}\left(-\frac{1}{(x_0 + \Delta x) \cdot x_0}\right) = -\frac{1}{x^2}$$

Die wichtigsten Ableitungsregeln:

1. KONSTANTE FUNKTIONEN

    f(x) = c   ⇒   f'(x) = 0

    „Die Ableitung einer Konstanten ist Null"

Beilspiele:

    f(x) = 3   ⇒   f'(x) = 0;   f(x) = -1   ⇒   f'(x) = 0

2. LINEARE FUNKTIONEN

    f(x) = a· x   ⇒   f'(x) = a

Beispiele:

    f(x) = 4x   ⇒   f'(x) = 4;   f(x) = - x   ⇒   f'(x) = - 1

3. POTENZFUNKTIONEN

    f(x) = x^n ⇒ $f'(x) = n \cdot x^{n-1}$

Beispiele:

    f(x) = x^4 ⇒   f'(x) = $4x^3$;   f(x) = x^8 ⇒   f'(x) = $8x^7$

4. FAKTORREGEL

$$(a \cdot f)'(x) = a \cdot f'(x)$$

„Ein konstanter Faktor bleibt beim Ableiten erhalten"

Beispiel:

$$(5 \cdot x^4)' = 5 \cdot (x^4)' = 5 \cdot (4 \cdot x^3) = 20 \cdot x^3;$$

5. SUMMENREGEL

$$(f(x) + g(x))' = f'(x) + g'(x)$$

„Funktionen dürfen summandenweise abgeleitet werden"

Beispiele:

$$f(x) = 4 \cdot x - \frac{1}{2} \cdot x^3 \qquad \Rightarrow \qquad f'(x) = 4 - \frac{3}{2} \cdot x^2$$

$$f(x) = \frac{1}{4} \cdot x^4 - 3 \cdot x^2 + 5 \qquad \Rightarrow \qquad f'(x) = x^3 - 6 \cdot x$$

6. PRODUKTREGEL

$$\left(u(x) \cdot v(x)\right)' = u'(x) \cdot v(x) + u(x) \cdot v'(x)$$

7. QUOTIENTENREGEL

$$\left(\frac{u(x)}{v(x)}\right)' = \frac{u'(x) \cdot v(x) - u(x) \cdot v'(x)}{(v(x))^2}$$

8. EXPONENTIALFUNKTION UND NATÜRLICHER LOGARITHMUS

Es gilt:

$$(e^x)' = e^x \qquad \text{bzw.:} \qquad exp' = exp$$

Also ist die e – Funktion mit ihrer Ableitung identisch. Aus diesem Grund ist die e – Funktion die wichtigste Funktion in der gesamten Mathematik.

$$ln'(x) = \frac{1}{x}$$

<u>Allgemeine Bedeutung des Differentialquotienten:</u>

Die Ableitung gibt die momentane Änderung des Funktionswertes an.

Beispiele:

Bewegung: $\frac{ds}{dt}$:　　„Momentane Änderung des Ortes bei einer infinitisimalen Änderung der Zeit (Momentangeschwindigkeit)"

Kosten: $\frac{dK}{dx}$:　　„Momentane Änderung der Kosten bei einer infinitisimalen Änderung der Produktion x (Grenzkosten)"

Isoquante: $\frac{dx_2}{dx_1}$　„Momentane Änderung des Produktionsfaktors x_2 bei einer infinitisimalen Änderung des Faktors x_1, so dass die Gesamtproduktion konstant bleibt. Oder näherungsweise die Änderung des Faktors x_2, wenn sich der Faktor x_1 um eine Einheit ändert (Grenzrate der Substitution).

Bemerkung:

Wir wissen aus 1.1.4., dass in der Minimalkostenkombination die Isokoste mit der Steigung $a = -\frac{p_1}{p_2}$ zur Tangente wird. Also gilt für die Minimalkostenkombination:

$$\frac{dx_2}{dx_1} = -\frac{p_1}{p_2}$$

„Die Grenzrate der Substitution ist gleich dem umgekehrten Preisverhältnis"

<u>Das Differential:</u>

Sei y = f(x) gegeben, wir setzen:

$$dy = f'(x) \cdot dx \quad \text{bzw.} \quad df = f'(x) \cdot dx$$

„Differential der Funktion f"

Geometrische Bedeutung:

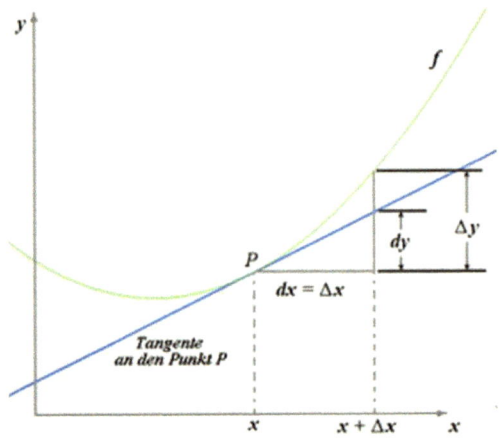

Also:

Das Differential gibt näherungsweise die Änderung der Funktion f an, wenn das Argument x die „kleine Änderung" dx erfährt, speziell näherungsweise die Änderung der Funktion, wenn sich das Argument um eine Einheit ändert.

Beispiele:

$$d(x^2) = 2 \cdot x \cdot dx; \quad d(e^x) = e^x \cdot dx; \quad d(3 \cdot x^4) = 12 \cdot x^3 \cdot dx; \quad d(\ln(x)) = \frac{dx}{x}$$

Anwendungen:

Beispiele:

Bewegung: ds   „Änderung des Ortes bei einer „kleinen Änderung" der Zeit oder näherungsweise Änderung des Ortes pro Zeiteinheit"

Kosten: dK   „Änderung der Kosten bei einer „kleinen Änderung" der Produktion oder näherungsweise Änderung der Kosten bei einer zusätzliche Produktionseinheit (Grenzkosten)"

Isoquante: dx_2 „Änderung des Produktionsfaktors x_2 bei einer „kleinen Änderung" des Faktors x_1, so dass die Gesamtproduktion konstant bleibt. Oder näherungsweise die Änderung des Faktors x_2, wenn sich der Faktor x_1 um eine Einheit ändert und die Produktion konstant bleibt (Grenzrate der Substitution)."

Bemerkung:

Auf dem Differential beruhen zahlreiche wesentliche Anwendungen der Mathematik. Denn faktisch beobachten wir nie eine Funktion, sondern stets Änderungen. Nie sieht jemand eine Kostenfunktion, aus dem Rechnungswesen ergeben sich zunächst nur die jeweiligen Änderungen.

AUFGABEN

Afg. 1:

Was geben der Differenzenquotient und was der Differentialquotient jeweils geometrisch an?

Afg. 2:

Worin besteht die fundamentale Bedeutung im Hinblick auf Anwendungen des Differentialquotienten? Nennen Sie drei ökonomische Beispiele.

Afg. 3:

Man berechne *mit Hilfe des Differentialquotienten* folgende Ableitungen:

$$a)\ f(x) = x^2 \qquad\qquad b)\ f(x) = x^4$$

Afg.4:

Gegeben seien folgende Kosten und Erlösfunktionen:

4.1. $K(x) = x^3 - 9 \cdot x^2 + 30 \cdot x + 16; E(x) = 24 \cdot x; 0 \le x \le 10$

4.2. $K(x) = x^3 - 8 \cdot x^2 + 24 \cdot x + 20; E(x) = 20 \cdot x; 0 \le x \le 6$

4.3. $K(x) = x^3 - 12 \cdot x^2 + 76 \cdot x + 28; E(x) = p(x) \cdot x, p(x) = 80 - 5 \cdot x; 0 \le x \le 10$

Man berechne jeweils die gewinnmaximale Produktionsmenge, den maximalen Gewinn, das Betriebsminimum und das Betriebsoptimum (vgl. Afg 1, 2 und 3 in 1.1.3.)

Afg. 5:

Gegeben:

$$K(x) = x^3 - 8 \cdot x^2 + 24 \cdot x + 20; E(x) = 20 \cdot x; 0 \le x \le 6$$

5.1.   Man bestimme die kurzfristige Preisuntergrenze.

5.2.   Bei welchem Stückpreis sind gerade noch die Kosten gedeckt?

Afg. 6:

Man zeige: Für das Gewinnmaximum ist notwendig:

K'(x) = E'(x)   „Grenzkosten gleich Grenzumsatz"

Wieso folgt hier im Falle linearer Umsatzfunktionen die Stackelbergsche Bedingung:

K'(x) = p   „Grenzkosten gleich Preis"?

Afg. 7:

Man zeige: Für das Betriebsoptimum ist die Bedingung notwendig:

$$K'(x) = S(x) \qquad \text{„Grenzkosten gleich Stückkosten“}$$

Afg. 8:

Interpretieren Sie die Ergebnisse der Aufgaben sechs und sieben ökonomisch.

Afg. 9:

Für eine Produktion gelten folgende Faktorpreise:

$$p_1 = 12GE; \qquad p_2 = 3GE$$

Wieviel muss die Unternehmung von dem Faktor x_2 substituieren, wenn sie bei dem Faktor x_1 auf eine Einheit verzichtet und dennoch die Kostenoptimale Faktorkombination einhalten möchte.

Afg. 10:

„Die Anwendbarkeit der Mathematik beruht in wesentlichen Teilen auf dem Differential". Man erläutere diese Aussage.

Afg. 11:

Zeigen Sie:
   a)   dc = 0, c = const.   b)   d(f + g) = df + dg   c)   d(af) = a · df

Afg, 12:

Berechnen Sie:
   a) $d(x^3)$ b) $d(\frac{1}{x})$ c) $d(\ln(x))$

Afg. 13:

Zeigen Sie:

$$df \approx f(x + dx) - f(x) \qquad \text{(vgl. 1.1.2.)}$$

1.2.3. GRUNDBEGRIFFE DER INTEGRALRECHNUNG

1.2.3.1. Das unbestimmte Integral

Das Differential liefert uns die Änderung einer Funktion. Wie erhalten wir aus der bekannten Änderung die zugrunde liegende Funktion?

Sei gegeben:

$$y = F(x) \qquad \text{mit} \qquad F'(x) = f(x)$$

Wir bilden:

$$dF = F'(x) \cdot dx = f(x) \cdot dx$$

Definition:

$$\int dF = F(x)$$

oder:

$$F(x) = \int F'(x) \cdot dx = \int f(x) \cdot dx$$

Also:

Während wir die Änderung, das Differential, durch Differenzieren erhalten, erhalten wir aus dem Differential, der Änderung, die zugrundeliegende Funktion F. Differential und Integration sind somit inverse Operationen: „Differential und Intergral heben sich gegenseitig weg".

„F heißt eine Stammfunktion oder ein Integral der Funktion f"

Integrationskonstante:

$$\int F'(x) \cdot dx = \int (F(x) + C)' \cdot dx = F(x) + C$$

Mit F ist somit auch F + C eine Stammfunktion oder ein Integral der Funktion f.

Merke: C heißt Integrationskonstante

Das unbestimmte Integral ist also nur bis auf einen konstanten Summanden bestimmt, daher „unbestimmtes" Integral.

Beispiele:

$$\int x^3 \cdot dx = \frac{1}{4} \cdot x^4 + C; \qquad \int (\frac{1}{4} \cdot x^4 + 3 \cdot x^2 + 2) \cdot dx = \frac{1}{20} \cdot x^5 + x^3 + 2 \cdot x + C;$$

$$\int e^x \cdot dx = e^x + C; \qquad \int \frac{dx}{x} = \ln(x) + C$$

Anwendung:

Wir haben in 1.1.5. die Verzinsung bei einem jährlichen Zuschlag berechnet. Jetzt nehmen wir an, der Zuschlag erfolge jeweils sofort in einem „unendlich kleinen" Intervall dt:

Für den Zins ergibt sich dann:

$$z = K \cdot \frac{p}{100} \cdot dt$$

Also:

$$K(t + dt) = K(t) + z$$

oder:

$$K(t + dt) - K(t) = z$$

oder:

$$dK = z$$

oder:

$$dK = K \cdot \frac{p}{100} \cdot dt$$

Trennung der Variablen:

$$\frac{dK}{K} = \frac{p}{100} \cdot dt$$

Integration:

$$\int \frac{dK}{K} = \int \frac{p}{100} \cdot dt$$

Also:

$$\ln(K) = \frac{p}{100} \cdot t + C_0$$

Anwenden der e – Funktion:

$$K = e^{\frac{p}{100}t + C_0} = e^{\frac{p}{100}t} \cdot e^{C_0} = C \cdot e^{\frac{p}{100}t}, \qquad C = e^{C_0}$$

Bestimmen der Integrationskonstanten C:

Setze t = 0:

$$K(0) = C \cdot e^{\frac{p}{100}0} = C \cdot 1 = C$$

Ergebnis:

Bei stetiger Verzinsung gilt:

$$K(t) = K(0) \cdot e^{\frac{p}{100}t}$$

AUFGABEN

Afg. 1:

Man erläuter die Aussage: „Das unbestimmte Integral ist die inverse Operation zur Bildung des Differentials".

Afg. 2:

Wieso spricht man vom „unbestimmten Integral"?

Afg. 3:

Auf Grund von Preisdifferenzierungen an verschiedenen Märkten geht eine Unternehmung von folgendem Grenzgewinn aus:

$$GK(x) = -3x^2 + 18x - 6$$

Die Fixkosten liegen bei 16 GE. Von welcher Gewinnfunktion kann die Unternehmung ausgehen?

Afg. 4:

Man berechne die folgenden Aufgaben mit der Formel für die stetige Verzinsung:

4.1. Wir nehmen an, unser Vorfahre habe bei Christi Geburt einen Cent zu ein Prozent Zinseszins angelegt. Über welches Kapital können wir uns heute freuen?

4.2. Ein Kapital von 10000 € werde bei einem Zinsfuß von 4% angelegt. Auf welchen

Betrag ist es nach 15 Jahren angewachsen?

4.3. Welches Kapital muss man bei 5,2% Zinsen anlegen, damit man nach 8 Jahren 15000 € erhält?

4.4. In welchem Zeitraum hat sich ein Kapital bei 4% Zinsen verdreifacht?

4.5. Bei wie viel Prozent verdoppelt sich ein Kapital in 10 Jahren?

Man vergleiche mit den entsprechenden Lösungen aus 1.1.5. und 1.1.6. Wie sind die Abweichungen gegenüber den dortigen Lösungen zu erklären?

1.2.3.2. Das bestimmte Integral

Summen:

Der berühmte Mathematiker Carl Friedrich Gauss hatte als Schüler die Aufgabe, die Summe der ersten 100 Zahlen zu bilden. Bereits nach kurzer Zeit hatte er die Lösung. Wie war das möglich?

Wir betrachten:

(1) $S(100) = 1 + 2 + 3 + 4 + ... + 96 + 97 + 98 + 99 + 100$

Genauso können wir aber auch schreiben:

(2) $S(100) = 100 + 99 + 98 + 97 + 96 + ... + 4 + 3 + 2 + 1$

Addieren wir nun (1) und (2) und fassen jeweils die i – ten Summanden der Reihe zusammen, so folgt:

$$2 \cdot S(100) = 100 \cdot 101 \qquad \Leftrightarrow \qquad S(100) = 50 \cdot 101 = 5050$$

Allgemein:

$$\sum_{i=1}^{n} i = \frac{1}{2} \cdot n \cdot (n+1)$$

Weitere Formeln:

$$\sum_{i=1}^{n} i^2 = \frac{1}{6} \cdot n \cdot (n+1) \cdot (2n+1) \qquad \text{„Quadratsumme"}$$

$$\sum_{i=1}^{n} i^3 = \left(\frac{1}{2} \cdot n \cdot (n+1)\right)^2 \qquad \text{„Kubische Summe"}$$

Die geometrische Reihe:

(1) $s(n) = 1 + q^1 + q^2 + q^3 + q^4 ... + q^n$

Nun multiplizieren wir (1) mit q:

(2) $s(n) \cdot q = q^1 + q^2 + q^3 + q^4 ... + q^n + q^{n+1}$

Wir subtrahieren nun (2) von (1):

(3) $s(n) - s(n) \cdot q = 1 - q^{n+1} \qquad \Leftrightarrow \qquad s(n) = \frac{1-q^{n+1}}{1-q}$

Ergebnis:

$$\sum_{i=0}^{n} q^i = \frac{1 - q^{n+1}}{1-q}$$ „Geometrische Reihe"

Gilt: $\quad 0 < q < 1,\quad$ so folgt: $\quad \lim_{n \to \infty} q^n = 0$

In diesem Fall ergibt sich also:

$$\sum_{i=0}^{\infty} q^i = \frac{1}{1-q}$$

Beispiel:

Der Keynes'sche Multiplikator:

Wir nehmen an, die marginale Consumquote betrage $\frac{9}{10}$, die marginale Sparquote also $\frac{1}{10}$. Weiter sei vorausgesetzt, dass der Staat eine Investition in Höhe von 1000 GE tätigt.

Zunächst hat der Bauunternehmer dann ein zusätzliches Einkommen von 1000 GE, wovon er 100 GE = $1000 \cdot \frac{1}{10}$ spart, $900 = 1000 \cdot \frac{9}{10}$ GE für den Consum ausgibt, die beispielsweise dem Autohändler zugutekommen. Von den zusätzlichen $900 = 1000 \cdot \frac{9}{10}$ GE Einkommen wird dieser 90 GE = $900 \cdot \frac{1}{10}\, GE$ sparen und 810 GE = $900 \cdot \frac{9}{10} GE = 1000 \cdot (\frac{9}{10})^2 GE$ für den Consum ausgeben, die dann vielleicht dem Fernsehhändler zugutekommen usw.

Also:

1. Haushalt: Einkommen: 1000 GE   Consum: $1000 \cdot \frac{9}{10}$
2. Haushalt: Einkommen: $1000 \cdot (\frac{9}{10})$ Consum: $1000 \cdot (\frac{9}{10})^2$
3. Haushalt: Einkommen: $1000 \cdot (\frac{9}{10})^2$ Consum: $1000 \cdot (\frac{9}{10})^3$
4. Haushalt: Einkommen: $1000 \cdot (\frac{9}{10})^3$ Consum: $1000 \cdot (\frac{9}{10})^4$
5. ...
6. ...

Bilden wir nun die jeweilgen Summen so folgt:

Gesamter Einkommenszuwachs: $1000 \cdot \sum_{i=0}^{\infty}(\frac{9}{10})^i = 1000 \cdot \frac{1}{1-(\frac{9}{10})} = 10000$, also 10000 GE

Das bestimmte Integral:

Gegeben sei eine Funktion y = F(x), die auf $a \leq x \leq b$ definiert ist und für die F'(x) = f(x) gelte.

Insbesondere also:
$$dF = f(x) \cdot dx$$

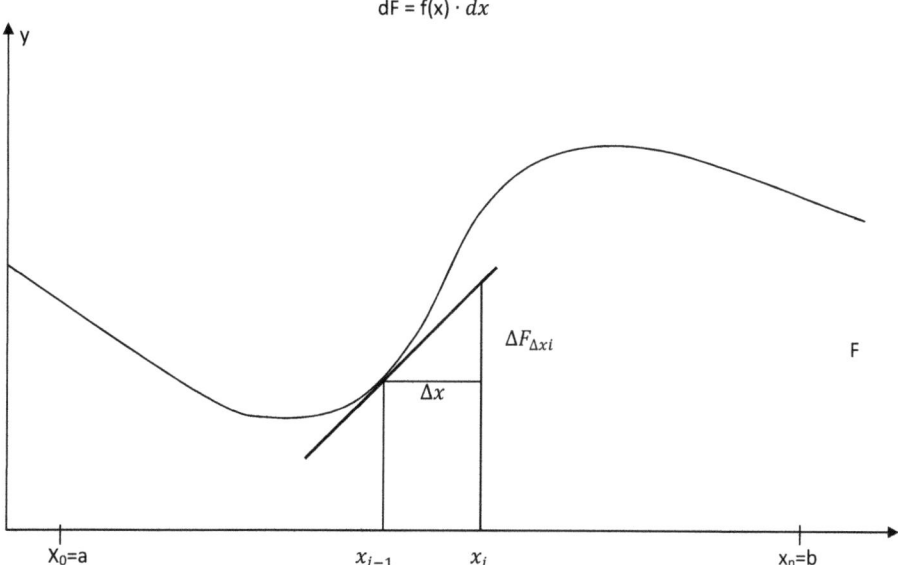

Wir bilden:
$$\Delta x = \frac{b-a}{n} \qquad \text{„Unterteilung in n Teilintervalle"}$$

Weiter:
$$x_0 = a; \quad x_i = a + i \cdot \Delta x, \qquad i = 0, \dots n; \; x_n = b$$

Für das i – te Teilintervall gilt dann: $\qquad \Delta x_i = \{x; x_{i-1} \leq x \leq x_i\}, \quad i = 1, \dots ,n$

Dann gilt auf diesem Intervall:
$$F(x_i) - F(x_{i-1}) \approx \Delta F_{\Delta x_i} = F'(x_{i-1}) \cdot \Delta x = f(x_{i-1}) \cdot \Delta x$$

Für die gesamte Änderung von F auf $a \leq x \leq b$ ergibt sich dann:

$$F(b) - F(a) \quad \approx \quad \Delta F_{\Delta x_1} + \Delta F_{\Delta x_2} + \Delta F_{\Delta x_3} + \dots + \Delta F_{\Delta x_n}$$

Oder:
$$F(b) - F(a) \quad \approx \quad \sum_{i=1}^{n} f(x_{i-1}) \cdot \Delta x$$

Offenbar wird der Wert umso genauer, je kleiner wir Δx machen:
Genauer:

$$F(b) - F(a) = \lim_{\Delta x \to 0} \sum f(x_{i-1}) \cdot \Delta x_i$$

Definition:

Wir bilden:

$$\lim_{\Delta x \to 0} \sum f(x_{i-1}) \cdot \Delta x_i = \int_a^b f(x) \cdot dx$$

„Bestimmtes Integral"

Dann folgt:

$$F(b) - F(a) \quad = \quad \int_a^b f(x) \cdot dx$$

„Hauptsatz der Differential und Integralrechnung"

Das bestimmte Integral ist also der Grenzwert einer Summe. Hierauf beruht im wesentlichen seine Anwendungsfähigkeit. Indem nämlich hierdurch komplexe Summen approximiert werden können und so berechenbar werden.

Flächenberechnung:

Bei $\sum_{i=1}^{n} f(x_{i-1}) \cdot \Delta x$ können wir die einzelnen Summanden als Flächeninhalt der jeweiligen Rechtecksäulen interpretieren. Für den Inhalt A, den die Kurve f mit der x – Achse, den Geraden x = a und x = b einschließt gilt also:

$$A \qquad \approx \qquad \sum_{i=1}^{n} f(x_{i-1}) \cdot \Delta x$$

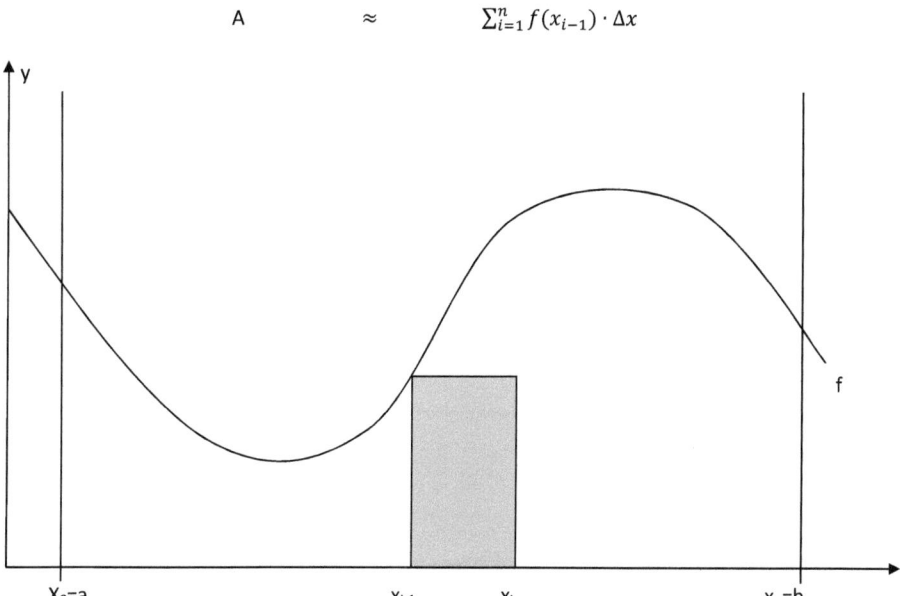

Der exakte Wert errechnet sich dann:

$$A \quad = \quad \int_{a}^{b} f(x) \cdot dx \quad = \quad [F(x)]_{a}^{b}$$

AUFGABEN

Afg. 1:

Der Staat tätige eine zusätzliche Investition in Höhe von 5000 GE. Die marginale Consumquote betrage 0,8 die marginale Sparquote also 0,2. Man berechne den gesamten Einkommenszuwachs, der sich hieraus ergibt.

Afg. 2:

Man verdeutliche graphisch und durch eine heuristische Argumentation, dass das bestimmte Integral der Grenzwert einer Summe ist. Wieso beruht hierauf im Wesentlichen die Anwendbarkeit des bestimmten Integrals.

Afg. 3:

Gegeben sei f(x) = x^3.

3.1. Was geben die drei folgenden Summen geometrisch an:

a) $\sum_{i=0}^{i=4} (i^3) * 1$
b) $\sum_{i=0}^{i=9} \left(\frac{i}{2}\right)^3 * \frac{1}{2}$
c) $\sum_{i=0}^{i=49} \left(\frac{i}{10}\right)^3 * \left(\frac{1}{10}\right)$

3.2. Man berechne diese Summen.
3.3. Wie groß ist der exakte Wert für die Fläche? Wie erklären sich die Differenzen zu 3.2.?

2. STATISTIK

„Bei Erfahrungswissen unterscheiden wir glaubhaftes, unwidersprochenes und allseitig geprüftes Wissen"
(Karneades)

2.0. ZUR BEDEUTUNG DER STATISTIK

Gegenstand statistischer Untersuchungen sind Massen, genauer Mengen mit einer „großen Anzahl" von Elementen. Dabei zeigt es sich, dass hierbei Gesetzmäßigkeiten auftreten, die für die Masse als Ganzes gültig sind, am einzelnen Objekt jedoch nicht nachweisbar sind. Beispielsweise zeigt es sich, dass die Krankheit X in einer Population V mit einem Anteil von 4,7% vorkommt. Das einzelne Individuum ist aber nicht mit 4,7% krank, sondern hier entweder gesund oder krank. Weiter wissen wir, dass ein Körper aus Molekülen besteht. Bewegen diese sich geordnet, so liegt eine makroskopische Bewegung vor. Bewegen sie sich ungeordnet, so haben wir Wärme. Wärme ist die Energiesumme der ungeordneten Bewegung der Moleküle. Ein einzelnes Molekül hat aber keine Unordnung und damit keine Wärme.

Somit stehen für die Statistik folgende Zielsetzungen im Fokus:

1. Die geeignete Beschreibung der charakteristischen Eigenschaften der Masse (Deskriptive Statistik).
2. Methoden, die es erlauben, Hypothesen über mögliche Merkmale oder kausale Zusammenhänge im Rahmen der Masse zu prüfen (Induktive Statistik).

Die Daten aus der statistischen Masse können entweder durch Erfassung sämtlicher Objekte (Vollerhebung) oder durch eine Stichprobe (Teilerhebung) gewonnen werden, wobei letzteres sowohl aus Kosten – als auch aus methodischen Gründen der Regelfall ist.

Somit ist man im Allgemeinen auf Wahrscheinlichkeitsaussagen beschränkt. Dabei wird diese Wahrscheinlichkeit wie folgt definiert: Stellt sich im Zusammenhang mit der Beobachtung ein gleichbleibendes Verhältnis zwischen der Zahl der relevante Beobachtungsmerkmale und der Zahl der Beobachtungen insgesamt ein, so definiert dieses die Wahrscheinlichkeit P.

Kurz:

$$P = \frac{g\ddot{u}nstige\ F\ddot{a}lle}{m\ddot{o}gliche\ F\ddot{a}lle}$$

Diese Definition ist jedoch nur im praktisch unmöglichen Fall von unendlich vielen Erhebungen logisch korrekt.

Aus dem Gesagten ergeben sich somit folgende Fundamentalaxiome der Statistik:

1. Eine statistische Aussage kann niemals am einzelnen Erhebungsobjekt gewonnen werden.
2. Jede statistische Aussage ist mit einer prinzipiell nicht zu vermeidenden Unsicherheit behaftet.

Deskriptive Statistik:

Die deskriptive Statistik beschreibt die Masse nach charakteristischen Merkmalen, wie z. B. Geschlecht, Alter, Einkommen. Hierzu bedient sie sich Tabellen, Diagramme oder Schaubilder. Des weiteren kann sie sich auf theoretische mathematische Verteilungen beziehen, z. B. die Binomialverteilung oder die Normalverteilung mit ihren charakteristischen Kennzahlen wie den Erwartungswert (wahrscheinlichster Wert einer Stichprobe) oder die Varianz als Maß für die Streuung um den Erwartungswert.

Induktive Statistik:

Die Deskriptive Statistik beweist nichts, sie stellt lediglich die Beobachtungswerte dar. Doch „bloße Sinneserkenntnis ergibt noch kein Wissen" (Aristoteles). Wir müssen also die gegebenen Daten interpretieren und Hypothesen über mögliche kausale Zusammenhänge formulieren. Diese können wir dann mit einer geeigneten theoretischen statistischen Verteilung testen. Streuen beispielsweise 95% der Beobachtungswerte um den theoretischen Erwartungswert, so gilt die Hypothese als mit einem 95%igen Signifikanzniveau bestätigt. Ein Test gilt als gut, wenn er dabei noch die Gütekriterien Objektivität, Validität und Reliabilität erfüllt. Das heißt: Der Test darf nicht von den handelnden Personen, der Zeit und dem Ort abhängen (objektiv), er muss exakt die Hypothese messen und eventuell auch das gegenteilige Ergebnis anzeigen (valide) und schließlich bei Wiederholung zum selben Ergebnis kommen (reliabel).

Somit kann auf diese Art und Weise die Theorie mit der Empirie verknüpft werden und es ist klar, dass sich die Empirie somit nur durch die Statistik zur Wissenschaft etablieren konnte. Dennoch bleibt nach wie vor eine nicht zu vermeidende Unsicherheit bestehen.

AUFGABEN

Afg. 1:

Nennen Sie die Grundaufgabe und das Erkenntnisziel der Statistik.

Afg. 2:

Nennen Sie zwei plausible Gründe, die gegen eine Vollerhebung sprechen.

Afg. 3:

Wieso ist für die Statistik die Wahrscheinlichkeitsrechnung fundamental?

Afg. 4:

Was ist der Inhalt der beiden Grundaxiome der Statistik. Erläutern Sie jedes durch je ein geeignetes Beispiel.

Afg. 5:

Eine subjektive Meinung wird erst durch die Statistik zu einer objektiven Aussage. Welche grundsätzliche Einschränkung besteht dennoch? Erläutern Sie diese Aussagen.

Afg. 6:

Erläutern Sie die Begriffe Deskriptive und Induktive Statistik.

Afg. 7:

Wie lauten die Gütekriterien für einen statistischen Test? Erläutern Sie diese.

Afg. 8:

„Jede Hypothese wird erst dann zu einer empirischen Aussage, wenn sie an einem statistischen Test geprüft wurde, der die Gütekriterien erfüllt." Erläutern Sie diese Aussage.

Afg. 9;

Wie klassifizierte Karneades die empirische Erkenntnis?

Afg. 10:

Empirische Wissenschaften erlauben nur Wahrscheinlichkeitsaussagen. Erläutern Sie diesen Satz. Welche Rolle spielt hierbei die Statistik?

Afg. 11:

„Die Statistik ist die Basis für die Erkenntnis in den empirischen Wissenschaften. Erst hierdurch konnten sich diese als Wissenschaften etablieren." Erläutern Sie diesen Satz.

Afg. 12:

„Jede statistische Erhebung erhält ihren Sinn erst dadurch, dass sie im Rahmen einer Theorie interpretiert wird". Erläutern Sie diesen Satz.

2.1. GRUNDLAGEN DER DESKRIPTIVEN STATISTIK

<u>Elementare Formeln:</u>

Mittelwert:

Sei: n: Anzahl der Stichprobe   z: Anzahl der Merkmalausprägungen

x_i: Anzahl der der Beobachtungen des $i-$ten Merkmals, $i = 1, \dots, z$

Dann gilt: $\mu = \frac{1}{n} \cdot \sum_{i=1}^{z} x_i$ „Mittelwert"

Liegt eine Klasseneinteilung vor, so gilt:

n: Anzahl der Stichprobe   k: Anzahl der Klassen

m_i: Anzahl der $i-$ten Klasse, $i = 1, \dots, k$.

x_{imax}: Maximum der $i-$ten Klasse; x_{imin}: Minimum der $i-$ten Klasse

$y_i = \frac{x_{imin} + x_{imax}}{2}$

Dann gilt:

$$\mu = \frac{1}{n} \cdot \sum_{i=1}^{k} y_i \cdot m_i \qquad \text{„Mittelwert"}$$

Varianz:

Bezeichnungen wie oben:

$$\sigma^2 = \frac{1}{n} \sum_{i=1}^{z} (\mu - x_i)^2 \qquad \text{„Varianz"}$$

Für Klasseneinteilung gilt dementsprechend:

$$\sigma^2 = \frac{1}{n} \sum_{i=1}^{k} ((\mu - y_i)^2 \cdot m_i) \qquad \text{„Varianz"}$$

Standardabweichung:

$$\sigma = \sqrt{\sigma^2} \qquad \text{„Standardabweichung"}$$

Histogramm:

$b_i = x_{imax} - x_{imin}$ „Klassenabreite" $i = 1, \dots, k$

$h_i = \frac{\frac{m_i}{n}}{b_i}$ „Höhe" $i = 1, \dots, k$

<u>Beispiel:</u>

Gegeben sei folgende Urliste für das Merkmal ‚Gewicht‘, wobei die Personen durchnummeriert sind:

Nr.:	1	2	3	4	5	6	7	8	9	10	11	12	13	14	15	16	17	18	19	20	21	22	23	24	25	26
kg:	52	67	60	55	63	70	78	84	68	63	57	67	58	70	73	55	72	51	60	64	51	54	68	75	76	59

a) Bilden Sie hierfür eine sinnvolle Klasseneinteilung.
b) Berechnen Sie jeweils den Mittelwert μ, die Varianz σ^2 und die Standartabweichung σ.
c) Man halbiere die Klassenabreite, berechne den Mittelwert μ, die Varianz σ^2 und die Standartabweichung σ. Welche Erkenntnisse ergeben sich hierbei? Was steht dem entgegen?

Also:

a)   Wir bilden zunächst: $k = 4, i = 1, \ldots ,4; n = 26$

Klasse:	k_1	k_2	k_3	k_4
	$50 - 58$	$59 - 67$	$68 - 76$	$77 - 85$
m_i	8	8	8	2
y_i	54	63	72	81
b_i	8	8	8	8
h_i	0,038	0,038	0,038	0,0096

b) $\mu = \frac{1}{26}(8 \cdot 54 + 8 \cdot 63 + 8 \cdot 72 + 2 \cdot 81) = 64,4$

$\sigma^2 = \frac{1}{26}((54 - 64,4)^2 \cdot 8 + (63 - 64,4)^2 \cdot 8 + (72 - 64,4)^2 \cdot 8 +$

$(81 - 64,4)^2 \cdot 2) = 72,85;$ $\sigma = \sqrt{\sigma^2} = \sqrt{72,85} = 8,54$

c)   Wir erhalten: $k = 8, i = 1, \ldots ,8$

Klasse:	k_1	k_2	k_3	k_4	k_5	k_6	k_7	k_8
	50–54,5	55–59,5	60–64,5	65–69,5	70–74,5	75–79,5	80–84,5	85–89,5
m_i	4	5	5	4	4	3	1	0
y_i	52,25	57,25	62,25	67,25	72,25	77,25	82,25	87,25
b_i	4,5	4,5	4,5	4,5	4,5	4,5	4,5	4,5
h_i	0,034	0,043	0,043	0,034	0,034	0,026	0,0085	0

$$\mu =$$

$$\frac{1}{26}(52{,}25 \cdot 4 + 57{,}25 \cdot 5 + 62{,}25 \cdot 5 + 67{,}25 \cdot 4 + 72{,}25 \cdot 4 + 77{,}25 \cdot 3 +$$
$$82{,}25 \cdot 1 + 87{,}24 \cdot 0) = 64{,}55$$

$$\sigma^2 =$$

$$\frac{1}{26}((52{,}25 - 64{,}55)^2 \cdot 4 + (-7{,}3)^2 \cdot 5 + (-2{,}3)^2 \cdot 5 + (2{,}7)^2 \cdot 4 + (7{,}7)^2 \cdot 4 + (12{,}7)^2 \cdot 3 +$$
$$(17{,}7)^2 \cdot 1 + (22{,}69)^2 \cdot 0) = 76{,}4$$

$$\sigma = \qquad \sqrt{\sigma^2} = \sqrt{76{,}4} = 8{,}74$$

Offenbar erhält man durch eine Verfeinerung der Klasseneinteilung präzisere Resultate, was allerdings einem erhöhten Aufwand entgegensteht.

Grundbegriffe:

- Merkmal: Objektiv zuschreibbares Prädikat einer statistischen Masse. Bsp: Geschlecht.

- Merkmalträger: Element einer statistischen Masse, dem das Merkmal zugeordnet ist.

- Merkmalausprägung: Möglicher Wert, den das Merkmal annehmen kann. Bsp.: männlich.

- Nominalskala: Darstellung der Merkmalausprägungen, wobei zwischen diesen keine Rangordnung besteht.

- Ordinalskala: Zwischen den Merkmalausprägungen besteht eine Rangordnung. Wird diese durch Zahlen ausgedrückt, so sind die Differenzen irrelevant, in diesem Zahlenbereich kann nicht gerechnet werden. Beispiele: Notenskala, Fieberskala.

- Metrische Skala: Die Merkmalsausprägungen werden durch Zahlenwerte dargestellt, es sind ein Nullpunkt und eine Einheit definiert, Differenzen sind relevant und im Zahlbereich kann gerechnet werden. Bsp.: Einkommensverteilung.

AUFGABEN:

Afg. 1:

Erläutern sie die Begriffe ,Merkmal' ,Merkmalausprägung' und ,Merkmalsträger'. Nennen Sie je zwei Beispiele quantitativer und qualitativer Merkmale. Wie erfolgt die jeweilige Erhebung?

Afg. 2:

Erklären Sie die Begriffe ,Nominalskala', ,Ordinalskala' und ,Metrische Skala'. Nennen Sie je zwei Beispiele. Worin besteht der Sinn einer derartigen Skalierung?

Afg. 3:

Geben Sie geeignete Merkmalausprägungen der folgenden Merkmale an:

a) Religionszugehörigkeit   b) Alter   c) Einkommensverteilung

d)   Sitzverteilung im Parlament

Welcher Skalierungstyp würde sich jeweils zur Darstellung eignen?

Afg. 4:

Bei einer Geschwindigkeitskontrolle innerhalb einer geschlossenen Ortschaft ermittelt die Polizei folgende Messwerte in km/h:

34, 37, 70, 46, 42, 52, 53, 39, 54, 72, 61, 29, 54, 46, 58, 49, 63, 41

a) Bilden Sie hierfür eine sinnvolle Klasseneinteilung.
b) Berechnen Sie jeweils den Mittelwert μ, die Varianz σ^2 und die Standartabweichung σ.
c) Bilden Sie hierfür eine Häufigkeitstabelle mit absoluten Häufigkeiten und stellen Sie diese graphisch dar.
d) Man halbiere die Klassenabreite. Welche Erkenntnisse ergeben sich hierbei? Was steht dem entgegen?

Afg. 5:

Stellen Sie die Daten des obigen Beispiels und der Aufgabe 4 nach einer geeignete Klasseneinteilung in einem Histogramm dar.

Afg. 6:

Zeigen Sie: Die Summe der Flächeninhalte der Säulen im Histogramm ergibt 1. Wie kann der Flächeninhalt einer einzelnen Säule interpretiert werden?

2.2. ELEMENTARE MENGENLEHRE

Eine statistische Masse ist eine Menge, außerdem wissen wir, dass die Statistik die Wahrscheinlichkeit als Grundlage hat. Diese wird im Allgemeinen wiederum durch die Mengenlehre beschrieben. Ganz allgemein ist die Mengenlehre die Sprache der Logik. So ist sie beispielsweise in der Informatik grundlegend.

Mengen:

Eine Menge ist eine Zusammenfassung von wohldefinierten Objekten. Wir bezeichnen Mengen mit großen lateinischen Buchstaben, die Objekte heißen Elemente und wir bezeichnen sie im Allgemeinen mit kleinen lateinischen Buchstaben.

Darstellung von Mengen:

1. Aufzählende Form:

$$A = \{1, 2, 3, 4\} \qquad \text{„Die ersten vier natürliche Zahlen"}$$

2. Beschreibende Form:

$$A = \{x;\ 1 \leq x \leq 4\}$$

3. Venn – Diagramm:

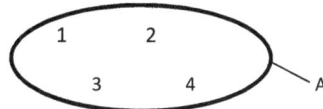

Grundrelationen:

Elementbeziehung:

$x \in A$: „x ist ein Element der Menge A" $\qquad z.B.:\ 3 \in \{1, 2\ 3\ 4\}$

$x \notin A$: „x ist kein Element der Menge A" $\qquad z.B.:\ 6 \notin \{1, 2\ 3\ 4\}$

Teilmenge:

$$A \subset B \qquad \Leftrightarrow \qquad \left(x \in A \quad \Rightarrow \quad x \in B \right)$$

„A ist Teilmenge von B, genau dann, wenn alle Elemente von A auch Elemente von B sind"

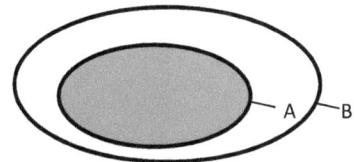

Beispiel: $\qquad \{1, 2, 3, 4\} \subset \{1, 2, 3, 4, 5, 6\}$

Beachte:

Offenbar gilt: $\qquad A \subset A$ $\qquad$ (Weshalb?)

Also: $\qquad$ Jede Menge ist Teilmenge von sich selbst.

Gleichheit:

$$A = B \iff (A \subset B \land B \subset A) \iff (x \in A \iff x \in B)$$

„A ist gleich B, genau dann, wenn A und B dieselben Elemente enthalten"

Beispiel: $\qquad \{1, 2, 3\} = \{3, 1, 2, 1, 1, 3\}$

Operationen:

Durchschnitt:

$$A \cap B \qquad \iff \qquad (x \in A \land x \in B)$$

„x liegt im Durchschnitt von A und B, genau dann, wenn x sowohl in A als auch in B liegt"

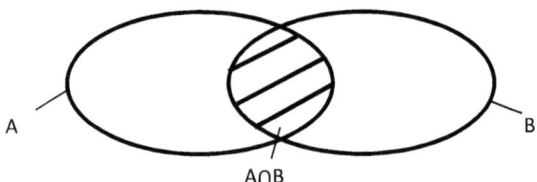

A∩B

Beispiel: $\qquad \{1, 2, 3, 4\} \cap \{2, 4, 6, 8\} = \{2, 4\}$

Vereinigung:

$$A \cup B \qquad \iff \qquad (x \in A \lor x \in B)$$

„x liegt in der Vereinigung von A mit B, genau dann, wenn x in A oder in B oder in beiden Mengen liegt"

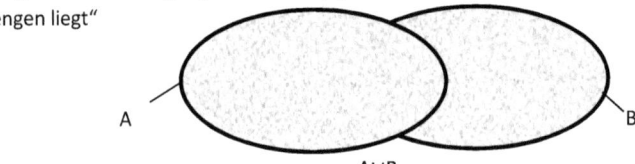

A∪B

Beispiel: $\{1, 2, 3, 4\} \cup \{2, 4, 6, 8\} = \{1, 2, 3, 4, 6, 8\}$

Differenz:

$$A - B \qquad \Leftrightarrow \qquad (x \in A \wedge x \notin B)$$

„x liegt in der Differenz von A mit B, genau dann, wenn x in A aber nicht in B liegt"

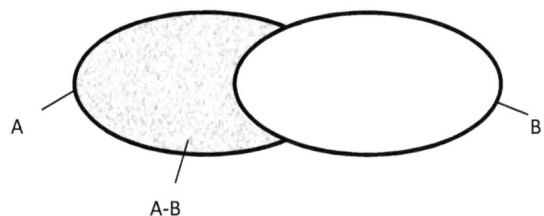

Beispiel: $\{1, 2, 3, 4\} - \{2, 3, 6, 8\} = \{1, 4\}$

Gilt speziell:

$B \subset A$, so schreiben wir: $\bar{B}_A$ für $A - B$

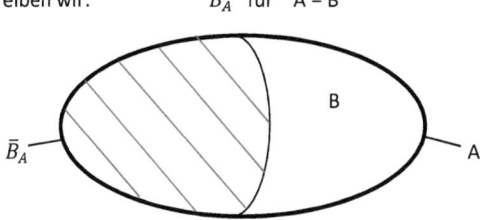

Die leere Menge $\emptyset$:

Diese ist definiert als diejenige Menge, die keine Elemente enthält.

Man beachte:

Aus den Regeln der Logik folgt, dass die leere Menge stets die Teilmengenbeziehung erfüllt. Also gilt:

Für jede Menge A gilt stets: $\emptyset \subset A$

Mächtigkeit von Mengen $|A|$:

Hierunter verstehen wir die Anzahl der Elemente einer Menge.

Beispiele:

$$|\{a, b, c, d, e\}| = 5, \qquad\qquad |\emptyset| = 0$$

73

Aufgaben

Afg. 1:

Geben Sie die Bedeutung der folgenden Mengenoperationen verbal an:

    a) $a \in A$ b) $A \cap B$ c) $A \cup B$ d) $A \subset B$ e) $A = B$ f) $A = \emptyset$

    g) $\bar{B}_A = A - B$ h) $a \notin A$

Afg. 2:

Bestätigen Sie folgende Mengenrelationen je durch ein Venn-Diagramm:

    a) $A \cap B = B \cap A$ b) $A \cup B = B \cup A$ c) $A \cap (B \cap C) = (A \cap B) \cap C$
    d) $(A \cup B) \cup C = A \cup (B \cup C)$ e) $A \cup \emptyset = A$ f) $A \cap \emptyset = \emptyset$
    g) $A \cap (B \cup C) = (A \cap B) \cup (A \cap C)$

Welchen Axiomen entsprechen diese Regeln im Falle der Arithmetik im Bereich der ganzen Zahlen **Z**?

Gilt für Mengen auch die Regel: $A \cup (B \cap C) = (A \cup B) \cap (A \cup C)$?

Was würde dies im Rechnen mit ganzen Zahlen bedeuten?

Gegeben seien folgende Mengen:

       M = {W, Z}   „Münze"   **W = {1, 2, 3, 4, 5, 6}**   „Würfel"
              S = {x; x ist eine Skatkarte}

Afg. 3:

Stellen Sie folgende Aussagen als Mengen in aufzählender Form, beschreibender Form und als Venn-Diagramm dar:

    Würfel: W_1: x ist eine gerade Zahl. W_2: x ist eine Zahl kleiner als 3.

                  W_3: x ist mindestens 3. W_4: x ist höchstens 4.

Afg. 4:

    Bilden Sie mit den Mengen aus Aufgabe 3 folgende Operationen:

         a) $W_1 \cap W_4$ b) $W_1 \cup W_3$ c) $\overline{W_2}_W = W - W_2$
    Man gebe diese Mengen in aufzählender und beschreibender Form an und skizziere jeweils ein Venn – Diagramm.

Afg. 5:

    Man gebe die Operationen aus Afg. 4 verbal an.

Afg. 6:

Gilt:

a) $3 \in W_3$ b) $W_2 \subset W_1$ c) $5 \notin W_3$ d) $2 \in \{W_1\}$ e) $\{a, b, c\} = \{b, a, a, c, a, c, c\}$?

Afg. 7:

Stellen Sie folgende Aussagen als Mengen in aufzählender Form dar:

Skat: S_1 : x ist eine Herzkarte S_2: x ist ein König

             S_3 : x ist eine rote Karte S_4: x hat keine Augenzahl

Afg. 8:

Bilden Sie mit den Mengen aus Aufgabe 7 folgende Operationen:

a) $S_1 \cap S_4$ b) $S_1 \cup S_2$ c) $\overline{S_4}_S = S - S_4$

Afg. 9:

Man gebe die Operationen aus Afg. 8 verbal an.

Afg. 10:

Man prüfe, ob folgende Aussagen richtig sind:

a) $\emptyset \in \emptyset$ b) $\emptyset \subset \emptyset$ c) $\emptyset \notin \emptyset$ d) $\emptyset \in \{\emptyset\}$ e) $\emptyset \in \{\{\emptyset\}\}$ f) $\emptyset \subset \{\{\emptyset\}\}$

Afg. 11:

Gegeben: $A = \emptyset$ $B = \{a\}$ $C = \{a, b\}$ $D = \{a, b, c\}$

1. Man gebe für diese Mengen jeweils alle Teilmengen an.
2. Wieviele Teilmengen hat dann die Menge $E = \{a, b, c, d\}$?
3. Welche allgemeine Regel ist erkennbar?
4. Wieviele Teilmengen haben die Mengen M, W und S?

Afg. 12:

Annahme: Wir benötigt zum Ausdrucken je einer Teilmenge der Menge S den tausendsten Teil einer Sekunde. Würden wir bis zum Ende der Vorlesung fertig sein?

Afg. 13:

Man gebe die Mächtigkeiten der Mengen M, W und S an.

Afg. 14:

Gegeben sei $\qquad |A|, \quad |B|$

Man bestätige an einem geeigneten Beispiel:

$$|A \cup B| = |A| + |B| - |A \cap B|$$

Wann gilt: $\qquad |A \cup B| = |A| + |B|?$

Afg. 15:

Gegeben sei $\qquad A \subset B$

Man bestätige an einem geeigneten Beispiel:

$$|\overline{A_B}| = |B| - |A|$$

Afg. 16:

Man gebe je die Mächtigkeit der Mengen aus den Aufgaben 3 und 7 an, sowie diejenigen der Aufgaben 4 und 8. Für diese prüfe man die Rechenregeln aus den Aufgaben 14 und 15.

Afg. 17:

Man gebe jeweils die Mächtigkeit an:

a) $|\emptyset|$ $\qquad$ b) $|\{\emptyset\}|$ $\qquad$ c) $|\{\{\emptyset\}\}|$ $\qquad$ d) $|\{\emptyset, \{\emptyset\}\}|$

2.3. WAHRSCHEINLICHKEIT

Prinzipiell ist jedes zukünftige Ereignis unsicher. Wenn wir in eine Prüfung gehen ist diese genauso mit einem Risiko behaftet wie unsere Erwartungen bezüglich unseres anstehenden Urlaubs. Ein Weinbauer pflanzt eine neue Rebsorte an, deren momentaner Wein „im Trend" ist. Wenn dann schließlich die Rebstöcke Trauben tragen, kann sich der Geschmack schon wieder völlig verändert haben. Möglicherweise hat auch ein Unwetter die halbe Ernte schon vernichtet. Plant eine Unternehmung eine Investition in den USA, so ist die Rendite genauso ungewiss, wie das hiermit verbundene Wechselkursrisiko. Ziel der Wahrscheinlichkeitstheorie ist es, unter anderem, derartige unvermeidliche Risiken in berechenbare Wahrscheinlichkeiten zu transformieren.

Der Wahrscheinlichkeitsraum:

$$\Omega = \{e_1, e_2, e_3, \dots, e_n\} = \{e_i; i = 1, \dots, n\}$$

„Wahrscheinlichkeitsraum oder Ergebnismenge"

Ergebnisse und Ereignisse:

$e_i \in \Omega$, i = 1, … ,n heißt Ergebnis

$A \subset \Omega$ heißt Ereignis

Beachte: Es gilt stets: $\emptyset \subset \Omega$ und $\Omega \subset \Omega$

Beispiele:

Ω = M = {W, Z} „Münze" $\Omega = $ W = {1, 2, 3, 4, 5, 6} „Würfel"

$\Omega = $ S = {x; x ist eine Skatkarte} „Skat"

$3 \in \Omega$ = W: „Das Ergebnis, eine 3 zu würfeln."

$\{2, 4, 6\} \subset$ W = Ω „Das Ereignis, eine gerade Zahl zu würfeln"

Wahrscheinlichkeit:

Sei $A \subset \Omega$ ein Ereignis, dann definieren wir:

$$P(A) = \frac{|A|}{|\Omega|}$$

„Wahrscheinlichkeit des Ereignisses A im Wahrscheinlichkeitsraum Ω"

Beispiel:

$$\Omega = W = \{1, 2, 3, 4, 5, 6\}, \qquad\qquad A = \{5, 6\}$$

$$P(\{5, 6\}) = \frac{|\{5, 6\}|}{|\{1, 2, 3, 4, 5, 6\}|} = \frac{2}{6} = \frac{1}{3}$$

Fundamentalregeln:

Für das Rechnen mit Wahrscheinlichkeiten ergeben sich aus den Definitionen für die Wahrscheinlichkeit und die Mächtigkeit unmittelbar folgende Grundaxiome:

(A1) $\qquad\qquad 0 \leq P(A) \leq 1$

(A2) $\qquad\qquad P(\Omega) = 1$ $\qquad\qquad$ „sicheres Ereignis"

(A3) $\quad (A \cap B) = \emptyset \quad \Rightarrow \quad P(A \cup B) = P(A) + P(B)$ „unvereinbare Ereignisse"

Beispiel zu (A3):

$$\Omega = W = \{1, 2, 3, 4, 5, 6\}, \quad A = \{1, 2\}, \quad B = \{5, 6\}, \quad A \cup B = \{1, 2, 5, 6\} \quad (A \cap B) = \emptyset$$

Dann:

$$P(A \cup B) = P(\{1, 2, 5, 6\}) = \frac{4}{6} = \frac{2}{6} + \frac{2}{6} = P(\{1, 2\}) + P(\{5, 6\}) = P(A) + P(B)$$

Folgerungen:

Hieraus leitet man unmittelbar nachstehende Folgerungen ab:

(F1) $\qquad\qquad P(\emptyset) = 0$ $\qquad\qquad$ „unmögliches Ereignis"

(F2) $\qquad\qquad P(\overline{A_\Omega}) = 1 - P(A)$ $\qquad\qquad$ „Gegenereignis"

(F3) $\quad (A \cap B) \neq \emptyset \quad \Rightarrow \quad P(A \cup B) = P(A) + P(B) - P(A \cap B)$ „vereinbare Ereignisse"

(F1):

Wir verwenden (A2) und (A3):

$$\big(1 = P(\Omega) = P(\Omega \cup \emptyset) = P(\Omega) + P(\emptyset) = 1 + P(\emptyset)\big) \quad \Rightarrow \quad P(\emptyset) + 1 = 1 \quad \Rightarrow \quad P(\emptyset) = 0$$

(F2):

Wieder folgt aus (A2) und (A3) mit $A \cap \overline{A_\Omega} = \emptyset$ und $A \cup \overline{A_\Omega} = \Omega$:

$$\left(1 = P(\Omega) = P(A \cup \overline{A_\Omega}) = P(A) + P(\overline{A_\Omega})\right) \qquad \Rightarrow \qquad P(\overline{A_\Omega}) = 1 - P(A)$$

Schließlich können wir auch F(3) zeigen, indem wir einige mengentheoretische Operationen verwenden.

Beispiele zu den Folgerungen:

(F2):

Gegeben: $\Omega = W = \{1, 2, 3, 4, 5, 6\}$, $A = \{1, 2\}$, $\overline{A_\Omega} = \{3, 4, 5, 6\}$, $P(A) = \frac{2}{6} = \frac{1}{3}$

Also: $\qquad\qquad\qquad P(\overline{A_\Omega}) = 1 - \frac{1}{3} = \frac{2}{3}$

(F3)

$\Omega = W = \{1, 2, 3, 4, 5, 6\}$, $A = \{3, 4\}$, $B = \{2, 4, 6\}$, $A \cup B = \{2, 3, 4, 6\}$, $(A \cap B) = \{4\}$

Dann:

$$P(A \cup B) = P(\{2,3,4,6\}) = \frac{4}{6} = \left(\frac{2}{6} + \frac{3}{6}\right) - \frac{1}{6} = \left(P(\{3,4\}) + P(\{2,4,6\})\right) - P(\{4\})$$
$$= \qquad P(A) + P(B) - P(A \cap B)$$

Unabhängige Ereignisse:

Zwei Ereignisse A, B $\subset$ Ω heißen unabhängig, genau dann wenn gilt:

$$P(A \cap B) = P(A) \cdot P(B)$$

Beispiel:

$\qquad \Omega = W = \{1, 2, 3, 4, 5, 6\}$, $A = \{3, 4\}$, $B = \{2, 4, 6\}$, $(A \cap B) = \{4\}$

Dann:

$$P(A) \cdot P(B) = \frac{2}{6} \cdot \frac{3}{6} = \frac{6}{36} = \frac{1}{6} = P(A \cap B)$$

Aber:

$\qquad \Omega = W = \{1, 2, 3, 4, 5, 6\}$, $A = \{4, 5, 6\}$, $B = \{2, 4, 6\}$, $(A \cap B) = \{4, 6\}$

Dann:

$$P(A) \cdot P(B) = \frac{3}{6} \cdot \frac{3}{6} = \frac{9}{36} = \frac{1}{4} \neq \frac{1}{3} = \frac{2}{6} = P(A \cap B)$$

AUFGABEN

Afg. 1:

Man erläutere die allgemeine Bedeutung der Wahrscheinlichkeitstheorie an drei plausiblen Beispielen der Ökonomie.

Afg. 2:

Was versteht man unter dem Wahrscheinlichkeitsraum Ω? Nennen Sie drei Beispiele.

Afg. 3:

Wie ist ein ‚Ereignis' definiert? Was versteht man unter einem ‚Ergebnis'?

Afg. 4:

Wieviele Ereignisse hat ein Wahrscheinlichkeitsraum der Mächtigkeit n (vgl. Afg. 11 aus 2.)?

Afg. 5:

Wie definieren wir allgemein die Wahrscheinlichkeit eines Ereignisses.

Afg. 6:

Man zeige: $(A \subset B \quad \wedge \quad A, B \subset \Omega) \quad \Rightarrow \quad P(A) \leq P(B)$

Afg. 7:

Die Grundregeln der Wahrscheinlichkeitsrechnung lauten:

Für jede Wahrscheinlichkeit P und jedes Ereignis $A \subset \Omega$ gilt:

(A1)	$0 \leq P(A) \leq 1$	
(A2)	$P(\Omega) = 1$	"sicheres Ereignis"
(A3)	$(A \cap B) = \emptyset \;\Rightarrow\; P(A \cup B) = P(A) + P(B)$	„unvereinbare Ereignisse"
(F2)	$P(\overline{A_\Omega}) = 1 - P(A)$	„Gegenereignis"
(F3)	$(A \cap B) \neq \emptyset \;\Rightarrow\; P(A \cup B) = P(A) + P(B) - P(A \cap B)$	

Man verdeutliche die Regeln an einem aussagekräftigen Beispiel (vgl. Afg. 14 und 15 aus 2.2).

Afg. 8:

Wie ist die Unabhängigkeit zweier Ereignisse definiert?

Gegeben seien folgende Mengen:

$M = \{W, Z\}$ „Münze" $W = \{1, 2, 3, 4, 5, 6\}$ „Würfel"

$S = \{x; x \text{ ist eine Skatkarte}\}$

Seien folgende Ereignisse im Ereignisraum der Menge W gegeben:

1. W_1: *ist eine gerade Zahl.*   2. W_2: *x ist eine Zahl kleiner als 3.*

3. W_3: *x ist mindestens 3.*   4. W_4: *x ist höchstens 4.*

5. $W_1 \cap W_4$ 6. $W_1 \cup W_3$ 7. $\overline{W_2}_W = W - W_2$ *(vgl. Afg. 3 und 4 aus 2.2)*

Afg. 9:

Man formuliere für diese Ereignisse jeweils das Gegenereignis.

Afg. 10:

Man bestimme im Wahrscheinlichkeitsraum der Menge W jeweils die Wahrscheinlichkeit für die obigen Ereignisse 1. bis 7.

Afg. 11:

Sind die Ereignisse W_1 und W_4 unabhängig?

Gegeben seine folgende Ereignisse im Wahrscheinlichkeitsraum S:

1. S_1: *x ist eine Herzkarte*   2. S_2: *x ist ein König*

3. S_3 : *x ist eine rote Karte*   4. S_4: *x hat keine Augenzahl*

5. $S_1 \cap S_4$ 6. $S_1 \cup S_2$ 7. $\overline{S_4}_S = S - S_4$ *(vgl. Afg. 7 und 8 aus 2.2)*

Afg. 12:

Man formuliere für diese Ereignisse jeweils das Gegenereignis.

Afg. 13:

Man bestimme im Wahrscheinlichkeitsraum der Menge S jeweils die Wahrscheinlichkeit für die obigen Ereignisse 1. bis 7.

Afg. 14:

Sind die Ereignisse S_1 und S_4 unabhängig?

Afg. 15:

Man bestimme im Wahrscheinlichkeitsraum der Menge S die Wahrscheinlichkeit ein As oder einen Buben zu ziehen.

Afg. 16:

Man bestimme im Wahrscheinlichkeitsraum der Menge S die Wahrscheinlichkeit eine schwarze Karte oder ein As zu ziehen.

Afg. 17:

Man bestimme im Wahrscheinlichkeitsraum der Menge S die Wahrscheinlichkeit für dreimal Herz zu ziehen, dabei wird die Karte jeweils zurückgelegt.

Afg. 18:

Im Wahrscheinlichkeitsraum M werde eine Münze dreimal geworfen. Wir betrachten folgende Ereignisse:

A: Dreimal Wappen.   B: Höchstens zweimal Wappen.

C: Genau einmal Zahl.   D: Mindesten zweimal Wappen.

Man bestimme jeweils die Wahrscheinlichkeiten für diese Ereignisse.

Afg. 19:

Mutti geht mit Paulchen zur Untersuchung, da dieser über das Symptom X klagt, das mit der gefährlichen Krankheit Y verbunden ist. Paulchen wird daraufhin einem medizinischen Test unterworfen. Dieser erkennt die Krankheit Y mit einer Wahrscheinlichkeit von 80%. Es ist bekannt, dass 3% der Bevölkerung an der Krankheit Y leidet. Der Test ergibt für Paulchen tatsächlich das Vorliegen von Y. Mutti ist verzweifelt. Besteht noch Hoffnung?

2.4. WAHRSCHEINLICHKEITSVERTEILUNGEN

<u>Zufallsvariable:</u>

Gegeben sei ein Wahrscheinlichkeitsraum $\Omega = \{e_1, e_2, e_3, \dots, e_n\} = \{e_i; i = 1, \dots, n\}$:

Eine Zufallsvariable X ist eine Funktion auf Ω, die jedem Ergebnis e_i eine reelle Zahl zuordnet:

$$X(e_i) = x_i, \text{ i = 1, \dots ,n}$$

Bemerkung:

Durch eine Zufallsvariable machen wir die Ergebnisse berechenbar. Insbesondere ergeben sich hier für die Praxis die Anwendungen. Rechnet beispielsweise eine Versicherung bei dem Eintreten des Ereignisses E mit einer Schadenssumme von x € als Zufallsvariable, so berechnet sie hierfür die Wahrscheinlichkeit (vgl. Wahrscheinlichkeitsverteilungen unten).

<u>Wahrscheinlichkeitsverteilung:</u>

Eine Wahrscheinlichkeitsverteilung ordnet jedem Zufallsvariablenwert $X(e_i) = x_i$ eine Zahl p_i zu, so dass die Summe der p_i eins ergibt, i = 1, \dots ,n:

$$p_i = p(x_i), \qquad i = 1, \dots, n; \qquad \sum_{i=1}^{n} p_i = 1$$

Bemerkung:

Wir verweisen auf das obige Beispiel. Ebenso: Nimmt man bei einer zukünftigen Investition eine gewisse Rendite an (Zufallsvariable), so bestimmt dann die Wahrscheinlichkeitsverteilung die Wahrscheinlichkeit für das Eintreten dieser Rendite. Analog für die Rendite einer Finanzanlage.

Beachte:

Die Wahrscheinlichkeit P(A) ist für Ereignisse, also Teilmengen von Ω definiert, dagegen ist die Wahrscheinlichkeitsverteilung $p(x_i)$ für Zufallsvariable definiert.

Beispiele:

Theoretische Wahrscheinlichkeitsverteilungen:

Wir setzen: $\qquad p(x_i) = \frac{1}{n}$ für i = 1, \dots ,n   „Laplace'sche Gleichverteilung"

Empirische Wahrscheinlichkeitsverteilungen:

Wir setzen wie in 2.0. beschrieben:

$$P = \frac{Anzahl\ der\ relevanten\ Beobachtungen}{Beobachtungen\ insgesamt}$$

Erwartungswert $\mu(X)$:

Den Erwartungswert definieren wir, indem wir die Zufallsvariablenwerte mit der entsprechenden Wahrscheinlichkeitsverteilung gewichten:

$$\mu(X) = \sum_{i=1}^{n} x_i \cdot p_i$$

Der Erwartungswert ist der wahrscheinlichste Wert, den die Zufallsvariable bei einer „großen Anzahl" von Versuchen annimmt.

Varianz $\sigma^2(X)$:

$$\sigma^2(X) = \sum_{i=1}^{n} (x_i - \mu)^2 \cdot p_i$$

Standardabweichung $\sigma(X)$:

$$\sigma(X) = \sqrt{\sigma^2(X)} = \sqrt{\sum_{i=1}^{n} (x_i - \mu)^2 \cdot p_i}$$

Varianz und Standardabweichung sind somit ein Maß für die Streuung der Zufallsvariablenwerte um den Erwartungswert.

Verteilungsfunktion:

Die Verteilungsfunktion ist für Zufallsvariablenwerte wie folgt definiert:

$$F(x_j) = \sum_{i=1}^{j} p_i \qquad 1 \leq j \leq n$$

Die Verteilungsfunktion gestattet die effektive Berechnung der Wahrscheinlichkeiten für die Zufallsvariablenwerte. Beispielsweise gilt offenbar:

$$P(X = x_i \leq X = x_j) = F(x_j)$$

Beispiel:

Gegeben sei der Wahrscheinlichkeitsraum $\Omega = \{(i,j); i,j \in W\}$ mit der Zufallsvariablen:
$$X(i,j) = |i - j| \qquad (|a| = (\sqrt{a^2} \geq 0 \text{ ,Betrag' von a))}$$

Man stelle die Wahrscheinlichkeitsverteilung und Verteilungsfunktion graphisch dar und berechne den Erwartungswert und die Varianz. Weiter gebe man folgende Wahrscheinlichkeiten an:

$$P(X \leq 2) \qquad\qquad P(X > 3) \qquad\qquad P(2 \leq X \leq 4)$$

Also:

Ergebnisse e_i:	(1/1), (2/2) (1/2), (2/1) (1/3), (3/1) (1/4), (4/1) (1/5), (5/1) (6/1), (1/6)
	(3/3), (4/4) (2/3), (3/2) (2/4), (4/2) (2/5), (5/2) (2/6), (6/2)
	(5/5),(6/6) (3/4), (4/3) (3/5), (5/3) (3/6), (6/3)
	(4/5), (5/4) (4/6), (6/4)
	(5/6), (6/5)

Zufallsvariable x_i:	0	1	2	3	4	5
Wahrscheinlich-keitsverteilung p_i:	$\frac{6}{36}$	$\frac{10}{36}$	$\frac{8}{36}$	$\frac{6}{36}$	$\frac{4}{36}$	$\frac{2}{36}$
Verteilungsfunktion F:	$\frac{6}{36}$	$\frac{16}{36}$	$\frac{24}{36}$	$\frac{30}{36}$	$\frac{34}{36}$	$\frac{36}{36}$

Erwartungswert $\mu(X)$:
$$0 \cdot \frac{6}{36} + 1 \cdot \frac{10}{36} + 2 \cdot \frac{8}{36} + 3 \cdot \frac{6}{36} + 4 \cdot \frac{4}{36} + 5 \cdot \frac{2}{36} = \frac{70}{36} = 1,9\overline{4} \approx 2$$

Varianz $\sigma^2(X)$:

$$(0-2)^2 \cdot \frac{6}{36} + (1-2)^2 \cdot \frac{10}{36} + (2-2)^2 \cdot \frac{8}{36} + (3-2)^2 \cdot \frac{6}{36} + (4-2)^2 \cdot \frac{4}{36} + (5-2)^2 \cdot \frac{2}{36} =$$
$$\frac{74}{36} \approx 2$$

Standardabweichung $\sigma(X)$: $\qquad \approx \sqrt{2} \approx 1,4$

Dann:

$$P(X \leq 2) = F(2) = \frac{24}{36}, \qquad P(X > 3) = 1 - F(3) = 1 - \frac{30}{36} = \frac{6}{36} = \frac{1}{6}$$

$$P(2 \leq X \leq 4) = F(4) - F(1) = \frac{34}{36} - \frac{16}{36} = \frac{18}{36} = \frac{1}{2}$$

AUFGABEN

Afg. 1:

Wie ist der Begriff der ‚Zufallsvariablen' definiert?   Worin liegt die Bedeutung der Zufallsvariablen?

Afg. 2:

Was versteht man unter einer Wahrscheinlichkeitsverteilung?

Afg. 3:

Wie sind die Laplace'sche Gleichverteilung bzw. die empirische Verteilung jeweils definiert?

Afg. 4:

Wie ist die Verteilungsfunktion allgemein definiert? Worin liegt ihre Bedeutung?

Afg. 5:

Wie sind der Erwartungswert μ und die Varianz σ^2 allgemein definiert? Was versteht man unter der Standartabweichung?

Afg. 6:

Was ist die allgemeine Bedeutung des Erwartungswertes und der Varianz?

Afg. 7:

Man vergleiche die allgemeine Definition der Zufallsvariablen, der Wahrscheinlichkeitsverteilung, des Erwartungswerts und der Varianz mit dem Spezialfall des Beispiels aus 2.1. und der dortigen Aufgabe 4

Gegeben seien folgende Mengen:

$M = \{W, Z\}$ „Münze" $W = \{1, 2, 3, 4, 5, 6\}$ „Würfel"

$S = \{x; x \text{ ist eine Skatkarte}\}$

Dabei gelte jeweils die Laplace'sche Gleichverteilung.

Afg. 8:

Im Wahrscheinlichkeitsraum der Menge M sei folgende Zufallsvariable definiert:

$$X(W) = 1; \ X(Z) = -1$$

Man stelle die Wahrscheinlichkeitsverteilung und Verteilungsfunktion graphisch dar, berechne den Erwartungswert und die Varianz.

Afg. 9:

Im Wahrscheinlichkeitsraum der Menge W sei folgende Zufallsvariable definiert:

$$X(i) = i; \ i \in W$$

Man stelle die Wahrscheinlichkeitsverteilung und Verteilungsfunktion graphisch dar, berechne den Erwartungswert und die Varianz. Weiter gebe man folgende Wahrscheinlichkeiten an:

$$P(X \leq 4) \qquad\qquad P(X > 2) \qquad\qquad P(3 \leq X \leq 5)$$

Afg. 10:

Gegeben sei der Wahrscheinlichkeitsraum $\Omega = \{(i,j); i,j \in W\}$ mit der Zufallsvariablen:
$$X(i,j) = i + j$$

Man stelle die Wahrscheinlichkeitsverteilung und Verteilungsfunktion graphisch dar und berechne den Erwartungswert und die Varianz. Weiter gebe man folgende Wahrscheinlichkeiten an:

$$P(X \leq 5) \qquad\qquad P(X > 9) \qquad\qquad P(5 \leq X \leq 9)$$

Afg. 11:

Ein Unternehmen bringt ein neues Gerät auf den Markt, das aus drei voneinander unabhängigen Bauteilen B_1, B_2, B_3 besteht. Sind alle drei Teile in Ordnung, so funktioniert das Gerät einwandfrei. Aus der Testphase ergeben sich folgende Fehlerquellen:

$$B_1: 4\% \qquad\qquad B_2: 1\% \qquad\qquad B_3: 3\%$$

Reparaturkosten:

$$B_1: 19 \text{Euro} \qquad\qquad B_2: 34 \text{Euro} \qquad\qquad B_3: 25 \text{ Euro}$$

Der Reparaturservice sei kostenlos. Mit welchen Kosten muss das Unternehmen rechnen, wenn davon ausgegangen wird, dass 600 Geräte verkauft werden?

2.5. EINFÜHRUNG IN DIE KOMBINATORIK

Fakultät:

Wir definieren induktiv:

$$0! = 1$$

$$(n + 1)! = (n + 1) \cdot n!$$

Also:

n=0, (n+1)=1: $1! = (0 + 1)! = 1 \cdot 0! = 1 \cdot 1 = 1$

n=1, (n+1)=2: $2! = (1 + 1)! = 2 \cdot 1! = 2 \cdot 1$

n=2, (n+1)=3: $3! = (2 + 1)! = 3 \cdot 2! = 3 \cdot 2 \cdot 1$

n=3, (n+1)=4: $4! = (3 + 1)! = 4 \cdot 3! = 4 \cdot 3 \cdot 2 \cdot 1$

n=4, (n+1)=5: $5! = (4 + 1)! = 5 \cdot 4! = 5 \cdot 4 \cdot 3 \cdot 2 \cdot 1$

.

Allgemein:

$$n! = 1 \cdot 2 \cdot 3 \cdot 4 \cdot 5 \cdot \ldots \cdot n \qquad \text{„Fakultät“}$$

Die Produktregel der Kombinatorik:

Gegeben seien zwei Experimente. Hat das erste Experiment r möglich Ausgänge, das zweite s mögliche Ausgänge, so hat das Zusammengesetzte Experiment $r \cdot s$ mögliche Ausgänge.

Beispiel:

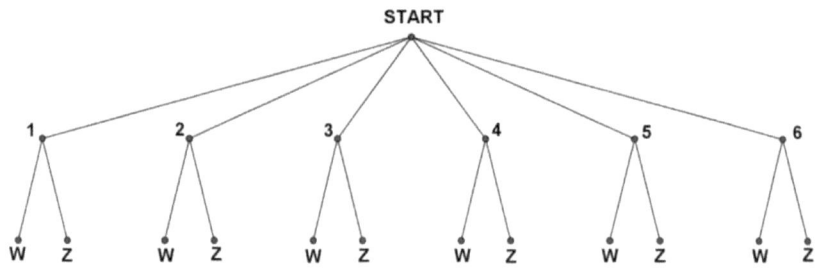

Würfel: 6 Ausgänge   Münze: 2 Ausgänge   Würfel und Münze: $6 \cdot 2 = 12$ Ausgänge

Grundschemata der Kombinatorik:

Gegeben sei eine Urne mit n nummerierten Kugeln. Es werde k-mal eine Kugel zufällig entnommen und die Nummer notiert.

1. Variation mit Zurücklegen:
   Die Kugel wird jeweils wieder zurückgelegt, die Reihenfolge der gezogenen Kugeln ist von Bedeutung.

   Aus der Produktregel ergibt sich für die Anzahl der Möglichkeiten:

$$n^k$$

2. Variation ohne Zurücklegen:

   Die Kugeln werden nicht zurückgelegt, die Reihenfolge ist von Bedeutung.

   Aus der Produktregel ergibt sich für die Anzahl der Möglichkeiten:

$$\frac{n!}{(n-k)!}$$

Beispiel: n = 7, k = 4

$$7 \cdot 6 \cdot 5 \cdot 4 = 7 \cdot 6 \cdot 5 \cdot (7 - 4 + 1) = \frac{7 \cdot 6 \cdot 5 \cdot 4 \cdot 3 \cdot 2 \cdot 1}{3 \cdot 2 \cdot 1} = \frac{7!}{(7-4)!}$$

Sonderfall: k = n

Also: $\frac{n!}{(n-n)!} = \frac{n!}{0!} = n!$

Beispiel: n = 5

$1\ 2\ 3\ 4\ 5 \rightarrow 2\ 4\ 3\ 1\ 5 \rightarrow 2\ 5\ 1\ 4\ 3 \rightarrow 5\ 1\ 3\ 2\ 4 \rightarrow ... \rightarrow 5\ 4\ 3\ 2\ 1$

Also: Insgesamt 5! = 120 Vertauschungen

Eine Vertauschung von n unterscheidbaren Objekten heißt eine Permutation.

Es gibt n! Permutationen bei n unterscheidbaren Objekten

Wir nehmen nun an, gewisse Objekte seien nicht unterscheidbar:

a c c c d

Wieviele Vertauschungen gibt es dann?

Wir nehmen zunächst an, die c's seien unterscheidbar. Dann gibt es 5! Möglichkeiten. Dann fassen wir alle Vertauschungen, die nur die c's vertauschen, a und d jedoch fest lassen, zu Klassen zusammen. Die Anzahl r der Klassen gibt dann die Anzahl der Möglichkeiten an, wenn wir die c's nicht unterscheiden:

k_1: $ac_1c_2c_3d \rightarrow ac_2c_1c_3d \rightarrow ac_1c_3c_2d \rightarrow ac_3c_1c_2d \rightarrow ac_3c_2c_1d \rightarrow ac_2c_3c_1d$ 3! Elemente

.

.

k_i: $dc_1c_2ac_3 \rightarrow dc_2c_1ac_3 \rightarrow dc_1c_3ac_2 \rightarrow dc_3c_1ac_2 \rightarrow dc_3c_2ac_1 \rightarrow dc_2c_3ac_1$ 3! Elemente

.

.

k_r: $dc_1c_2c_3a \rightarrow dc_2c_1c_3a \rightarrow dc_1c_3c_2a \rightarrow dc_3c_1c_2a \rightarrow dc_3c_2c_1a \rightarrow dc_2c_3c_1a$ 3! Elemente

Also:

Jede Klasse enthält 6 = 3! Vertauschungen, die wir nicht unterscheiden. Es gibt r Klassen und insgesamt 5! unterscheidbare Vertauschungen, somit folgt:

$$r \cdot 3! = 5! \qquad \Leftrightarrow \qquad r = \frac{5!}{3!}$$

Allgemein:

Sind bei n Objekten s, t, u nicht unterscheidbar, s + t + u = n, so ist die Anzahl der möglichen Vertauschungen:

$$\frac{n!}{s! \cdot t! \cdot u!}$$

3. Kombinationen:

Die gezogene Kugel wird nicht zurückgelegt, die Reihenfolge ist nicht von Bedeutung.

Anzahl der Möglichkeiten:

Nehmen wir zunächst wieder an, die Reihenfolge wäre von Bedeutung, so würden wir eine Variation ohne Zurücklegen erhalten:

$$\frac{n!}{(n-k)!}$$

Eine analoge Überlegung wie wir sie bei den Permutationen und den nicht unterscheidbaren Objekten gemacht haben, ergibt dann, dass wir noch durch k! dividieren müssen:

$$\frac{n!}{(n-k)!\cdot k!} = \binom{n}{k} \quad \text{„Binomialkoeffizient}$$

Beispiel:

Wieviele Ereignisse mit vier Ergebnissen gibt es beim Würfel? Also wieviele Teilmengen der Mächtigkeit vier hat eine Menge der Mächtigkeit sechs? Da bei Mengen die Reihenfolge irrelevant ist, haben wir offenbar eine Kombination:

$$\binom{6}{4} = \frac{6!}{(6-4)!\cdot 4!} = \frac{6!}{2!\cdot 4!} = \frac{6\cdot 5}{2} = 15$$

Somit erhalten wir 15 Ereignisse.

Sonderfall:

Eine Urne mit n Kugeln habe r schwarze und s weiße Kugeln, r + s = n. Ähnlich wie

In den anderen Fällen können wir dann zeigen:

Die Anzahl der Möglichkeiten k schwarze, $k \leq r$ und l weiße Kugeln, $l \leq s$,

beträgt:

$$\binom{r}{k} \cdot \binom{s}{l}$$

Beispiel:

Eine Urne enthalte 8 Kugeln, 5 schwarze und 3 weiße. Anzahl der Möglichkeiten 3 schwarze und 2 weiße Kugeln zu ziehen:

$$\binom{5}{3} \cdot \binom{3}{2} = \frac{5!}{(5-3)!\cdot 3!} \cdot \frac{3!}{(3-2)!\cdot 2!} = \frac{5!}{2!\cdot 3!} \cdot \frac{3!}{1!\cdot 2!} = \frac{5\cdot 4}{2} \cdot \frac{3}{1} = 30$$

Aufgaben:

Afg. 1:

Verdeutlichen Sie die Produktregel der Kombinatorik durch ein Baumdiagramm.

Afg. 2:

Erläutern Sie den Unterschied zwischen einer Variation ohne Zurücklegen, Variation mit Zurücklegen und einer Kombination am Beispiel des Urnenmodells.

Afg. 3:

Wie ist eine Permutation definiert? Wieviele Permutationen gibt es bei n Objekten?

Afg. 4:

Gegeben seien die Buchstabenfolgen:

$$\text{a) aabcccd} \qquad \text{b) ssxxxyzzz}$$

Wieviele Anordnungsmöglichkeiten gibt es?

Afg. 5:

Beim Skatspiel erhalten die drei Spieler von 32 Karten jeweils 10 Karten, zwei Karten kommen in den Skat. Wieviele Möglichkeiten gibt es für die Verteilung?

Afg. 6:

Gegeben seien 8 Faktoren, 5 Faktoren a und 3 Faktoren b. Wieviele Produkte kann man mit diesen bilden? Wie lautet die allgemeine Formel für n Faktoren mit k Produkten a und l Produkten b?

Afg. 7:

Wieviele Möglichkeiten gibt es, 20 Personen an einen Tisch zu setzen? Annahme: Wir benötigen zum Ausprobieren pro Möglichkeit 10^{-6} Sekunde. Wie lange müssen wir probieren?

Afg. 8:

Bei einer Party wollen alle 15 Personen jede mit jedem genau einmal anstoßen. Wieviele Möglichkeiten gibt es?

Afg. 9:

Wieviele Möglichkeiten gibt es beim Zahlenlotto für sechs Richtige?

Afg. 10:

In einer Urne befinden sich 12 Kugeln: 3 grüne, 4 gelbe und 5 rote Kugeln. Es werde sechsmal ohne Zurücklegen gezogen. Wieviele Möglichkeiten gibt es, eine grüne, zwei gelbe und drei rote Kugeln zu ziehen?

Afg. 11:

Beim ‚Travelling-Salesman-Problem' des Operations-Research sind n Orte gegeben, jeder Ort ist mit jedem direkt verbunden und gesucht ist die kürzeste Rundreise, die durch jeden Ort genau einmal führt und dann wieder zum Ausgangsort zurück. Wieviele Rundreisen gibt es insgesamt?

Afg. 12:

Man beweise für den Binomialkoeffizienten:

a) $\binom{n}{k} = \binom{n}{n-k}$
b) $\binom{n}{k} + \binom{n}{k+1} = \binom{n+1}{k+1}$

Wieso folgt hieraus die Konstruktion des Pascal'schen Dreiecks?

ANWENDUNG AUF DIE WAHRSCHEINLICHKEIT

Afg. 13:

Man bestimme im Wahrscheinlichkeitsraum der Menge S die Wahrscheinlichkeit für dreimal Herz zu ziehen, dabei wird die Karte jeweils nicht zurückgelegt. Welche Wahrscheinlichkeit erhält man, wenn die Karte zurückgelegt wird?

Afg.14:

In einer Urne befinden sich 8 Kugeln, 5 grüne und 3 rote Kugeln. Es werde fünfmal ohne Zurücklegen gezogen. Wie groß ist die Wahrscheinlichkeit, 3 grüne und zwei rote Kugeln zu ziehen?

Afg. 15:

In einer Urne befinden sich 3 grüne, 4 gelbe und 5 rote Kugeln. Es werde sechsmal ohne Zurücklegen gezogen. Wie groß ist die Wahrscheinlichkeit, genau eine grüne, zwei gelbe und drei rote Kugeln zu ziehen? (vgl. Afg. 10)

Afg. 16:

In einer Gruppe von 6 Personen schmuggeln 4. Ein Zöllner wählt zufällig drei Personen aus. Mit welcher Wahrscheinlichkeit wählt er genau 2 Schmuggler?

Afg. 17:

Gegeben sei die Menge S. Wie groß ist die Wahrscheinlichkeit, bei zehnmaligem Ziehen drei Buben, zwei Asse und drei mal eine Zehn zu ziehen?

Afg. 18:

Lotto (ohne Berücksichtigung der Zusatzzahl):

Wir nehmen folgende Quoten an (errechnet aus den durchschnittlichen Auszahlungen vom 4. Januar 2017 bis zum 22. April 2017):

  6 Richtige: 775000 .--   5 Richtige: 3000.--   4 Richtige: 40.--   3 Richtige: 10 .—

Ein Spieler möge 5 Jahre regelmäßig jede Woche für einen Euro spielen, dabei darf er ein Feld ankreuzen. Welche finanzielle Situation wird er nach den fünf Jahren für sich feststellen?

2.6. DIE BINOMIALVERTEILUNG

Bernoulliprozesse:

Ein Bernoulliprozess liegt genau dann vor, wenn folgende vier Bedingungen erfüllt sind:

1. Es gibt eine Folge von n identischen Versuchen.
2. Es gibt nur zwei mögliche Ausgänge: „Erfolg" bzw. „Kein Erfolg"
3. Die Wahrscheinlichkeiten sind für alle Versuche gleich: p für „Erfolg", q für „kein Erfolg", p + q = 1.
4. Die einzelnen Versuche sind jeweils unabhängig.

Die Anzahl n der Versuche und die Erfolgswahrscheinlichkeit p heißen Bernoulliparameter.

Zufallsvariable:

Als Zufallsvariable definieren wir die Anzahl k der Erfolge eines Prozesses: X = k.

Wahrscheinlichkeitsverteilung P(X = k; n, p):

Beispiel:

Gegeben sei n = 5, k = 3. Wegen der Bedingung 4., der Unabhängigkeit können wir die einzelnen Wahrscheinlichkeiten multiplizieren. Wegen der Unvereinbarkeit der einzelnen Prozesse können wir dann wegen dem Axiom (A3) der Wahrscheinlichkeitstheorie die einzelnen Produkte addieren:

$$P(X = 3; 5, p) = p \cdot p \cdot p \cdot q \cdot q + p \cdot q \cdot p \cdot p \cdot q + q \cdot p \cdot q \cdot p \cdot p + \cdots + q \cdot q \cdot p \cdot p \cdot p$$

Wieviele Produkte gibt es? Von der Kombinatorik wissen wir hierfür:

$$\frac{5!}{2! \cdot 3!} = \frac{5!}{(5-3)! \cdot 3!} = \binom{5}{3}$$

Also:

$$P(X = 3; 5, p) = \binom{5}{3} \cdot p^3 \cdot q^{5-3}$$

Allgemein:

$$P(X = k; n, p) = \binom{n}{k} \cdot p^k \cdot q^{n-k}$$

Erwartungswert:

Allgemein gilt:

$$\mu(X) = \sum x \cdot p = \sum_{k=0}^{n} k \cdot P(X = k; n, p) = \sum_{k=0}^{n} k \cdot \binom{n}{k} \cdot p^k \cdot q^{n-k}$$

Beispiel: $\quad n = 5, p = \frac{1}{3}$

$$\mu(X) \; = \; 0 \cdot \binom{5}{0} \cdot (\tfrac{1}{3})^0 \cdot (\tfrac{2}{3})^{5-0} + 1 \cdot \binom{5}{1} \cdot (\tfrac{1}{3})^1 \cdot (\tfrac{2}{3})^{5-1} + 2 \cdot \binom{5}{2} \cdot (\tfrac{1}{3})^2 \cdot (\tfrac{2}{3})^{5-2} +$$

$$3 \cdot \binom{5}{3} \cdot (\tfrac{1}{3})^3 \cdot (\tfrac{2}{3})^{5-3} + 4 \cdot \binom{5}{4} \cdot (\tfrac{1}{3})^4 \cdot (\tfrac{2}{3})^{5-4} + 5 \cdot \binom{5}{5} \cdot (\tfrac{1}{3})^5 \cdot (\tfrac{2}{3})^{5-5} =$$

$$\frac{1}{3^5} \cdot (0 \cdot 1 \cdot 2^5 + 1 \cdot 5 \cdot 2^4 + 2 \cdot 10 \cdot 2^3 + 3 \cdot 10 \cdot 2^2 + 4 \cdot 5 \cdot 2^1 + 5 \cdot 1 \cdot 2^0 =$$

$$\frac{405}{243} = \frac{5}{3} = 5 \cdot \frac{1}{3}$$

Allgemein:

$$\boldsymbol{\mu(X) = n \cdot p}$$

Varianz $\sigma^2(X)$:

Hierfür errechnet man genauso:

$$\boldsymbol{\sigma^2(X) = n \cdot p \cdot q}$$

Standardabweichung $\sigma(X)$:

$$\boldsymbol{\sigma(X) = \sqrt{n \cdot p \cdot q}}$$

Binomialverteilung:

$$\textbf{B(j; n, p)} = \sum_{k=0}^{j} P(X = k; n, p) = \sum_{k=0}^{j} \binom{n}{k} \cdot p^k \cdot q^{n-k}, 0 \le j \le n$$

Beispiel:

Eine Münze werde 6-mal geworfen:

Zufallsvariable k:	0	1	2	3	4	5	6
Wahrscheinlich-keitsverteilung:	$\binom{6}{0}\left(\frac{1}{2}\right)^0\left(\frac{1}{2}\right)^6$ $\approx 0,016$	$\binom{6}{1}\left(\frac{1}{2}\right)^1\left(\frac{1}{2}\right)^5$ $\approx 0,094$	$\binom{6}{2}\left(\frac{1}{2}\right)^2\left(\frac{1}{2}\right)^4$ $\approx 0,234$	$\binom{6}{3}\left(\frac{1}{2}\right)^3\left(\frac{1}{2}\right)^3$ $\approx 0,313$	$\binom{6}{4}\left(\frac{1}{2}\right)^4\left(\frac{1}{2}\right)^2$ $\approx 0,234$	$\binom{6}{5}\left(\frac{1}{2}\right)^5\left(\frac{1}{2}\right)^1$ $\approx 0,094$	$\binom{6}{6}\left(\frac{1}{2}\right)^6\left(\frac{1}{2}\right)^0$ $\approx 0,016$
Binomialver-teilung:	$\approx 0,016$	$\approx 0,11$	$\approx 0,334$	$\approx 0,657$	$\approx 0,891$	$\approx 0,985$	1

Erwartungswert:

$$\mu(X) = 6 \cdot \frac{1}{2} = 3$$

Varianz:

$$\sigma^2(X) = 6 \cdot \frac{1}{2} \cdot \frac{1}{2} = \frac{3}{2} = 1,5$$

Standard-

Abweichung:

$$\sigma(X) = \sqrt{1,5} \approx 1,225$$

Graphische Darstellung:

a) Wahrscheinlichkeitsverteilung;   b) Binomialverteilung:

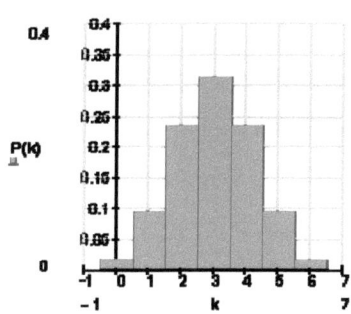 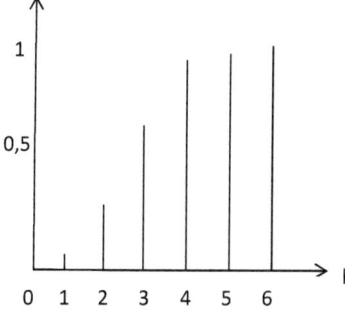

Aufgaben

Afg. 1:

Welche Voraussetzungen müssen erfüllt sein, damit die Binomialverteilung anwendbar ist?

Afg. 2:

Was versteht man unter ‚Bernoulli-Parameter'?

Afg. 3:

Man leite die Wahrscheinlichkeitsverteilung $P(X=4; 6, p)$ für $X = 4$ und für $n = 6$ her. Welche Formel erhält man allgemein?

Afg. 4:

Welche Formeln ergeben sich für den Erwartungswert μ und die Varianz σ^2?

Afg. 5:

Ein Würfel werde viermal geworfen. Wie groß ist die Wahrscheinlichkeit für dreimaliges Erscheinen der Augenzahl 6?

Afg. 6:

Im Wahrscheinlichkeitsraum M werde eine Münze sechsmal geworfen. Wir betrachten folgende Ereignisse (vgl. Afg. 18 aus 2.3.). Man gebe jeweils die Wahrscheinlichkeit an:

A: Dreimal Wappen.   B: Höchstens zweimal Wappen.

C: Genau viermal Zahl.   D: Mindesten viermal Wappen.

Afg. 8:

Eine Münze werde viermal geworfen. Definieren Sie die Zufallsvariable X: Anzahl von Wappen. Stellen Sie die Wahrscheinlichkeitsverteilung hierfür dar und geben Sie die Verteilungsfunktion an. Geben Sie den Erwartungswert μ, die Varianz σ^2 und die Standartabweichung σ hierfür an.

Afg. 9:

Eine Karte werde aus dem Kartenspiel der Menge S fünfmal mit Zurücklegen gezogen. Geben Sie die Wahrscheinlichkeitsverteilung und die Verteilungsfunktion für das Ziehen von Herz an. Was ergibt sich für den Erwartungswert, was für die Varianz? Wie groß ist die Wahrscheinlichkeit für genau dreimal Herz? Höchstens dreimal Herz? Mindestens dreimal Herz?

Afg. 10:

Im Roulette beträgt die Wahrscheinlichkeit für eine Kolonne 1/3 (ohne Zero).

a) Stellen Sie die Wahrscheinlichkeitsverteilung und die Verteilungsfunktion graphisch für n=6 Runden dar.

b) Markieren sie in der Graphik den Mittelwert μ und die Standartabweichung σ.

c) Wie groß ist die Wahrscheinlichkeit, dass bei sechs Runden dreimal die erste Kolonne erscheint? Wie oft erscheint sie mindestens zweimal? Wie oft höchstens dreimal?

d) Berechnen Sie $P(\mu - \sigma \leq X \leq \mu + \sigma)$.

Afg. 11:

Erfahrungsgemäß sind von 100 Kondensatoren 10 defekt. Man entnimmt fünfmal je einen Kondensator und legt ihn dann wieder zurück. Wie groß ist die Wahrscheinlichkeit, dass genau zwei Kondensatoren defekt sind? Welche Wahrscheinlichkeit ergibt sich für mindestens zwei defekte Kondensatoren?

Afg. 12:

Eine Prüfung besteht aus 10 Fragen die mit ‚ja' oder ‚nein' beantwortet werden können. Sind höchstens vier Fragen richtig, so ist die Prüfung nicht bestanden. Ein Kandidat wirft jeweils eine Münze, kommt Wappen, kreuzt er ‚ja' an. Wie groß ist die Wahrscheinlichkeit für das Bestehen der Prüfung?

2.7. DIE NORMALVERTEILUNG

DeMoivre stellte sich das Problem, wie sich die Binomialverteilung ändert, wenn bei gleichbleibender Erfolgswahrscheinlichkeit p die Anzahl der Versuche n gegen Unendlich geht? Man erhält zunächst folgendes Schaubild:

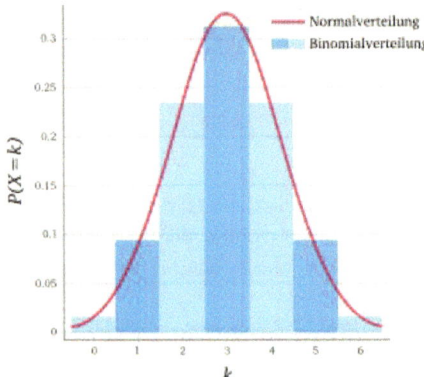

Aus dem DeMoivre – Laplace'schen Grenzübergang erhält man dann die für die empirischen Wissenschaften fundamentale

Normalverteilung:

$$\Phi(X; \mu, \sigma) = \int_{-\infty}^{X} \frac{1}{\sqrt{2\pi}\sigma} \exp\left(-\frac{(x-\mu)^2}{2\sigma^2}\right) dx$$

„Normalverteilung mit dem Erwartungswert μ und der Standardabweichung σ"

Dichtefunktion

$$\varphi(x; \mu, \sigma) = \frac{1}{\sqrt{2\pi}\cdot\sigma} \exp\left(-\frac{(x-\mu)^2}{2\sigma^2}\right)$$

„Dichtefunktion mit dem Erwartungswert μ und der Standardabweichung σ"

Die Dichtefunktion entspricht der Wahrscheinlichkeitsverteilung für stetig veränderliche Zufallsvariable.

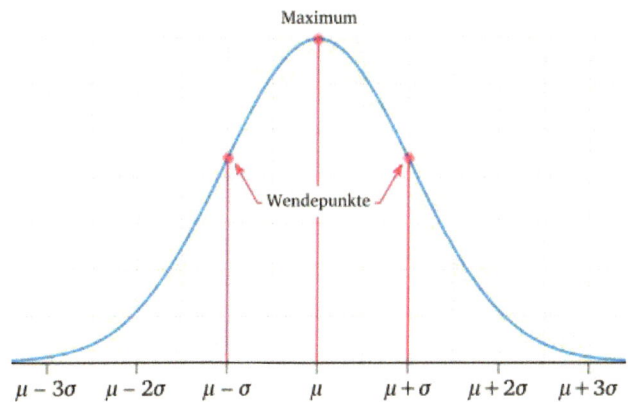

Eigenschaften:

1. Hochpunkt im Erwartungswert μ.
2. Wendepunkte bei $x = \mu - \sigma$ und $x = \mu + \sigma$.
3. Symmetrie zur Geraden $x = \mu$.
4. Die x – Achse ist Asymptote für x → − ∞ bzw. x → + ∞
5. $\int_{-\infty}^{+\infty} \frac{1}{\sqrt{2\pi}\sigma} \exp\left(-\frac{(x-\mu)^2}{2\sigma^2}\right) dx = 1$

Aus der Definition der Verteilungsfunktion folgt dann:

$$P(x \leq X) = \Phi(X/\mu, \sigma) = \int_{-\infty}^{X} \frac{1}{\sqrt{2\pi}\sigma} \exp\left(-\frac{(x-\mu)^2}{2\sigma^2}\right) dx$$

"Wahrscheinlichkeit, dass die Zufallsvariable x einen Wert kleiner oder gleich X annimmt"

Wir könnten also die jeweilige Wahrscheinlichkeit ermitteln, indem wir dieses Integral berechnen. Das Problem ist jedoch, dass dieses nicht berechenbar ist. Genauer: Es existiert hierfür keine Stammfunktion. Wir führen deshalb eine Variablensubstitution durch:

Standardisierung:

$$Z = \frac{X-\mu}{\sigma} \; ; \qquad z = \frac{x-\mu}{\sigma}$$

Die Normalverteilung:

$$\Phi(X; \mu, \sigma) = \int_{-\infty}^{X} \frac{1}{\sqrt{2\pi}\sigma} \exp\left(-\frac{(x-\mu)^2}{2\sigma^2}\right) dx$$

Geht dann über in:

Standardisiert Normalverteilung:

$$\Phi(Z; 0, 1) = \int_{-\infty}^{Z} \frac{1}{\sqrt{2\pi}} \exp\left(-\frac{z^2}{2}\right) dz$$

Standardisierte Normalverteilung mit dem Erwartungswert 0 und der Standardabweichung 1

Dabei ist diese Transformation flächeninvariant.

Also:

$$\Phi(X; \mu, \sigma) = \int_{-\infty}^{X} \frac{1}{\sqrt{2\pi}\sigma} \exp\left(-\frac{(x-\mu)^2}{2\sigma^2}\right) dx = \int_{-\infty}^{Z} \frac{1}{\sqrt{2\pi}} \exp\left(-\frac{z^2}{2}\right) dz = \Phi(Z; 0, 1)$$

$$\Leftrightarrow \qquad P(x \leq X) = P(z \leq Z)$$

Somit können wir die Wahrscheinlichkeit für die Zufallsvariable x durch die Standardisierte Normalverteilung berechnen. Die Standardnormalverteilung ist zwar ebenfalls nicht auswertbar durch eine Stammfunktion, hierfür existieren jedoch Tabellen (vgl. Anhang).

Beispiel:

Gegeben: $$\mu = 6, \sigma = 2, X = 10$$

Also: $$P(x \le 10) = \Phi(10; 6, 2) = \int_{-\infty}^{10} \frac{1}{\sqrt{2\pi}2} \exp(-\frac{(x-6)^2}{2\cdot 2^2}) dx$$

Standardisieren:

$$Z = \frac{10-6}{2} = 2$$

Also:

$$P(x \le 10) = \int_{-\infty}^{10} \frac{1}{\sqrt{2\pi}2} \exp\left(-\frac{(x-6)^2}{2\cdot 2^2}\right) dx = \int_{-\infty}^{2} \frac{1}{\sqrt{2\pi}} \exp(-\frac{z^2}{2}) dz = P(z \le 2) = 0,9772$$

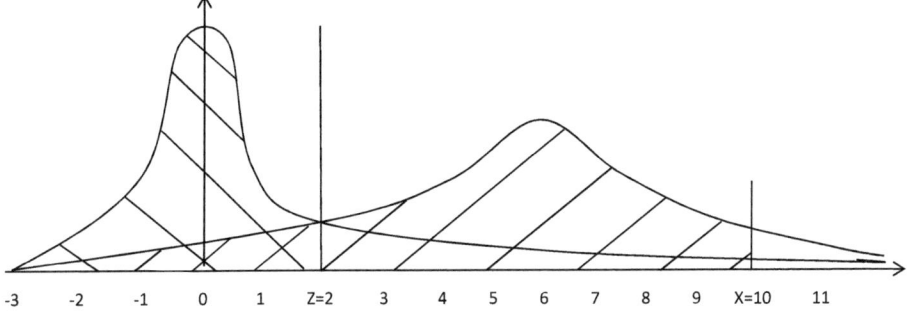

| -3 | -2 | -1 | 0 | 1 | Z=2 | 3 | 4 | 5 | 6 | 7 | 8 | 9 | X=10 | 11 |

Allgemein gehen wir wie folgt vor:

Gegeben: X, μ, σ

Standardisieren:

$$Z = \frac{X-\mu}{\sigma}$$

Z – Wert nach der Tabelle ermitteln.

Beispiel:

Gegeben: $\mu = 120$, $\sigma = 20$

1. $P(x \le 130) = P\left(z \le \frac{130-120}{20}\right) = P(z \le 0,5) = 0,6915$
2. $P(x > 150) = 1 - P(x \le 150) = 1 - P\left(z \le \frac{150-120}{20}\right) = 1 - P(z \le 1,5) = 0,0668$
3. $P(x \le 95) = P(z \le -1,25) = 1 - P(z \le 1,25) = 1 - 0,8944 = 0,1056$
4. $P(85 \le x \le 133) = P(x \le 133) - P(x \le 85) =$
    $= P(z \le 0,65) - P(z \le -1,75) = P(z \le 0,65) - (1 - P(z \le 1,75) =$
    $0,7422 - (1 - 0,9599) = 0,7021$

Aufgaben:

Afg. 1:

Welcher Zusammenhang besteht zwischen der Binomialverteilung und der Normalverteilung?

Afg. 2:

Welche Rolle spielt hierbei die ‚Dichtefunktion'?

Afg. 3:

Man skizziere die Dichtefunktion der Normalverteilung: $\varphi(x;\mu,\sigma) = \frac{1}{\sqrt{2\pi}\sigma}\exp(-\frac{(x-\mu)^2}{2\sigma^2})$

Man markiere dort die charakteristischen Eigenschaften:

a) Mittelwert μ und Standardabweichung σ im Hoch- bzw. den Wendepunkten.

b) Symmetrie zur Geraden $x = \mu$.

c) Asymptotisches Verhalten gegen 0 für $x \to -\infty$ bzw. $x \to +\infty$

d) Was gibt die-Fläche der Dichtefunktion zwischen x_1 und x_2 an?

Afg. 4:

Für die Normalverteilung gilt:

$$P(x \leq X) = \Phi(X;\mu,\sigma) = \int_{-\infty}^{X} \frac{1}{\sqrt{2\pi}\sigma}\exp(-\frac{(x-\mu)^2}{2\sigma^2})dx$$

Man begründe:

Durch die Standardisierung: $\qquad Z = \frac{X-\mu}{\sigma}; \qquad z = \frac{x-\mu}{\sigma}$

geht die Normalverteilung über in die Standardnormalverteilung:

$$P(z \leq Z) = \Phi(Z;0,1) = \int_{-\infty}^{Z} \frac{1}{\sqrt{2\pi}}\exp(-\frac{z^2}{2})dz$$

a) Wie lauten nun der Erwartungswert und die Standardabweichung?

b) Wieso lässt diese Transformation die Wahrscheinlichkeiten invariant?

c) Wieso gilt dann: $\quad P(X) = \Phi(X;\mu,\sigma) = \Phi(Z;0,1) = P(Z) = \Phi(\frac{X-\mu}{\sigma};0,1)$?

Afg. 5:

Man zeige an Hand des Schaubildes für die Dichtefunktion der standardisierten Normalverteilung:

$$P(z \leq -Z) = 1 - P(z \leq +Z)$$

Afg. 6:

Die Brenndauer einer Glühbirne ist normalverteilt mit dem Erwartungswert $\mu = 9500$ und der Standartabweichung $\sigma = 1055$.

a) Mit welcher Wahrscheinlichkeit brennt eine Lampe länger als 11000 Stunden?

b) Wieviel Prozent der Lampen brennen zwischen 8000 und 10500 Stunden?

Afg. 7:

Der Hersteller gibt für PKW einer seiner Modellreihen einen Durchschnittsverbrauch von 6,6 Liter auf 100 km bei einer Standartabweichung von 0,4 an.

Wie groß ist die für einen zufällig ausgewählten PKW die Wahrscheinlichkeit für einen Durchschnittsverbrauch zwischen 5,5 und 8 Liter?

Afg. 8:

Bei maschinell hergestellten Tischplatten ist die Dicke normalverteilt mit dem Erwartungswert $\mu = 3,4\ cm$ und der Standardabweichung $\sigma = 0,05 cm$. Eine Platte werde zufällig ausgewählt.

a) Wie groß ist die Wahrscheinlichkeit, dass die Platte dicker als 3,47 cm ist?

b) Wie groß ist die Wahrscheinlichkeit, dass die Plattendicke zwischen 3,32 cm und 3,47 cm liegt?

c) Eine Plattendicke von weniger als 3 cm gilt als Ausschuss. Wie groß ist die Wahrscheinlichkeit hierfür?

Afg. 9:

Bei einer Untersuchung ergab sich für Männer zwischen 40 und 49 Jahren die Merkmalsausprägungen $x_1 = 82,5$ kg und $x_2 = 104$ kg. Die standardisierten Größen lauten: $x_1 = -0,233$ und $x_2 = 1,2$.

a) Berechnen Sie μ und σ.

b) In einer Stadt leben 3456 Männer zwischen 40 und 49 Jahren. Wieviele dieser Männer wiegen zwischen 82,5 und 104 kg?

Afg. 10:

Die Herstellung von Dichtungsringen ist erfahrungsgemäß normalverteilt. Der Erwartungswert für den Durchmesser ist 60 mm, die Standartabweichung 6 mm. Dichtungsringe mit mehr als 10 mm Durchmesser gelten als Ausschuss.

a) Berechnen Sie den Anteil für den Ausschuss.

b) Welche Abweichungen vom Mittelwert sind zulässig, wenn höchstens 5 % Ausschuss sein soll?

c) 95 % der Dichtungsringe haben einen Durchmesser zwischen 59 mm und 61 mm. Der Erwartungswert sei weiterhin μ. Berechnen Sie die Standartabweichung σ.

Anhang:

Die Normalverteilung:

z	0,00	0,01	0,02	0,03	0,04	0,05	0,06	0,07	0,08	0,09
0,0	0,5000	0,5040	0,5080	0,5120	0,5160	0,5199	0,5239	0,5279	0,5319	0,5359
0,1	0,5398	0,5438	0,5478	0,5517	0,5557	0,5596	0,5636	0,5675	0,5714	0,5753
0,2	0,5793	0,5832	0,5871	0,5910	0,5948	0,5987	0,6026	0,6064	0,6103	0,6141
0,3	0,6179	0,6217	0,6255	0,6293	0,6331	0,6368	0,6406	0,6443	0,6480	0,6517
0,4	0,6554	0,6591	0,6628	0,6664	0,6700	0,6736	0,6772	0,6808	0,6844	0,6879
0,5	0,6915	0,6950	0,6985	0,7019	0,7054	0,7088	0,7123	0,7157	0,7190	0,7224
0,6	0,7257	0,7291	0,7324	0,7357	0,7389	0,7422	0,7454	0,7486	0,7517	0,7549
0,7	0,7580	0,7611	0,7642	0,7673	0,7704	0,7734	0,7764	0,7794	0,7823	0,7852
0,8	0,7881	0,7910	0,7939	0,7967	0,7995	0,8023	0,8051	0,8078	0,8106	0,8133
0,9	0,8159	0,8186	0,8212	0,8238	0,8264	0,8289	0,8315	0,8340	0,8365	0,8389
1,0	0,8413	0,8438	0,8461	0,8485	0,8508	0,8531	0,8554	0,8577	0,8599	0,8621
1,1	0,8643	0,8665	0,8686	0,8708	0,8729	0,8749	0,8770	0,8790	0,8810	0,8830
1,2	0,8849	0,8869	0,8888	0,8907	0,8925	0,8944	0,8962	0,8980	0,8997	0,9015
1,3	0,9032	0,9049	0,9066	0,9082	0,9099	0,9115	0,9131	0,9147	0,9162	0,9177
1,4	0,9192	0,9207	0,9222	0,9236	0,9251	0,9265	0,9279	0,9292	0,9306	0,9319
1,5	0,9332	0,9345	0,9357	0,9370	0,9382	0,9394	0,9406	0,9418	0,9429	0,9441
1,6	0,9452	0,9463	0,9474	0,9484	0,9495	0,9505	0,9515	0,9525	0,9535	0,9545
1,7	0,9554	0,9564	0,9573	0,9582	0,9591	0,9599	0,9608	0,9616	0,9625	0,9633
1,8	0,9641	0,9649	0,9656	0,9664	0,9671	0,9678	0,9686	0,9693	0,9699	0,9706
1,9	0,9713	0,9719	0,9726	0,9732	0,9738	0,9744	0,9750	0,9756	0,9761	0,9767
2,0	0,9772	0,9778	0,9783	0,9788	0,9793	0,9798	0,9803	0,9808	0,9812	0,9817
2,1	0,9821	0,9826	0,9830	0,9834	0,9838	0,9842	0,9846	0,9850	0,9854	0,9857
2,2	0,9861	0,9864	0,9868	0,9871	0,9875	0,9878	0,9881	0,9884	0,9887	0,9890
2,3	0,9893	0,9896	0,9898	0,9901	0,9904	0,9906	0,9909	0,9911	0,9913	0,9916
2,4	0,9918	0,9920	0,9922	0,9925	0,9927	0,9929	0,9931	0,9932	0,9934	0,9936
2,5	0,9938	0,9940	0,9941	0,9943	0,9945	0,9946	0,9948	0,9949	0,9951	0,9952
2,6	0,9953	0,9955	0,9956	0,9957	0,9959	0,9960	0,9961	0,9962	0,9963	0,9964
2,7	0,9965	0,9966	0,9967	0,9968	0,9969	0,9970	0,9971	0,9972	0,9973	0,9974
2,8	0,9974	0,9975	0,9976	0,9977	0,9977	0,9978	0,9979	0,9979	0,9980	0,9981
2,9	0,9981	0,9982	0,9982	0,9983	0,9984	0,9984	0,9985	0,9985	0,9986	0,9986
3,0	0,9987	0,9987	0,9987	0,9988	0,9988	0,9989	0,9989	0,9989	0,9990	0,9990
3,1	0,9990	0,9991	0,9991	0,9991	0,9992	0,9992	0,9992	0,9992	0,9993	0,9993
3,2	0,9993	0,9993	0,9994	0,9994	0,9994	0,9994	0,9994	0,9995	0,9995	0,9995
3,3	0,9995	0,9995	0,9995	0,9996	0,9996	0,9996	0,9996	0,9996	0,9996	0,9997
3,4	0,9997	0,9997	0,9997	0,9997	0,9997	0,9997	0,9997	0,9997	0,9997	0,9998
3,5	0,9998	0,9998	0,9998	0,9998	0,9998	0,9998	0,9998	0,9998	0,9998	0,9998
3,6	0,9998	0,9998	0,9999	0,9999	0,9999	0,9999	0,9999	0,9999	0,9999	0,9999
3,7	0,9999	0,9999	0,9999	0,9999	0,9999	0,9999	0,9999	0,9999	0,9999	0,9999
3,8	0,9999	0,9999	0,9999	0,9999	0,9999	0,9999	0,9999	0,9999	0,9999	0,9999
3,9	1,0000	1,0000	1,0000	1,0000	1,0000	1,0000	1,0000	1,0000	1,0000	1,0000

BEI GRIN MACHT SICH IHR WISSEN BEZAHLT

- Wir veröffentlichen Ihre Hausarbeit, Bachelor- und Masterarbeit

- Ihr eigenes eBook und Buch - weltweit in allen wichtigen Shops

- Verdienen Sie an jedem Verkauf

Jetzt bei www.GRIN.com hochladen und kostenlos publizieren